Flutter实战入门

老孟 编著

U0179060

机械工业出版社
China Machine Press

图书在版编目（CIP）数据

Flutter 实战入门 / 老孟编著 . —北京：机械工业出版社，2020.6
（实战）

ISBN 978-7-111-65580-0

I. F… II. 老… III. 移动终端 – 应用程序 – 程序设计 IV. TN929.53

中国版本图书馆 CIP 数据核字（2020）第 081213 号

Flutter 实战入门

出版发行：机械工业出版社（北京市西城区百万庄大街 22 号 邮政编码：100037）	
责任编辑：吴 怡	责任校对：殷 虹
印　　刷：三河市宏图印务有限公司	版　　次：2020 年 6 月第 1 版第 1 次印刷
开　　本：186mm×240mm　1/16	印　　张：16
书　　号：ISBN 978-7-111-65580-0	定　　价：89.00 元

客服电话：（010）88361066　88379833　68326294　　　投稿热线：（010）88379604
华章网站：www.hzbook.com　　　　　　　　　　　　　读者信箱：hzit@hzbook.com

　　自从 2018 年 Google 发布 Flutter 第一个预览版以来，Flutter 就受到了开发者的热捧，短短一年多的时间，Flutter 在 GitHub 上就收获了 8W+ stars，版本发布的频率超乎想象。在 StackOverflow 2019 年的全球开发者问卷调查中，Flutter 被选为最受开发者欢迎的框架之一，甚至超过了 TensorFlow 和 Node.js。

　　我一直关注大前端技术，在 Flutter 发布的第一时间就开始研究这个框架。后来应用到实际项目中，通过一年多的实践，我被它漂亮的 UI 界面、跨平台一致性、很高的开发效率所吸引。Flutter 和其他跨平台方案有本质上的区别，它使用 Skia 渲染引擎——而其他跨平台方案（比如 React Native 等）则是最终转换为原生控件进行绘制，因此给我们提供了一个全新的解决跨平台问题的思路。

　　随着越来越多的知名公司在项目中引入 Flutter，业界掀起了学习 Flutter 的浪潮。但 Flutter 是一门新的技术，学习资料比较匮乏，尤其是中文资料。为了让大家能够更好地学习 Flutter 技术，我把自己的学习经验整理出来，总结成这本书，希望可以帮助想学习 Flutter 的同行。

　　本书由浅入深地介绍 Flutter 技术，包含笔者在实际项目中遇到的大量问题及项目模块。全书共 12 章，各章内容介绍如下：

　　第 1 章：移动端软件及 Flutter 发展历程，以及环境搭建。

　　第 2 章：Flutter 项目的概况，包括目录结构、调试及 App 构建发布流程。

　　第 3 章：Flutter 组件的分类和使用细节，包括使用场景和案例。

　　第 4 章：Dart 语言的基础知识及常用语法。

第 5 章：事件及手势处理的技术和案例。

第 6 章：Flutter 动画原理及动画组件使用方法。

第 7 章：文件操作与网络请求技术，并通过项目"记事本"来展示文件操作方法。

第 8 章：Flutter 路由相关知识及数据存储技术。

第 9 章：Flutter 与 Android 和 iOS 的混合开发，包括如何将原生项目引入 Flutter，以及相互通信。

第 10 章：国际化开发的相关知识。

第 11 章：通过分析一个项目的开发过程，展示 Flutter 的实际应用。

第 12 章：通过案例介绍 App 升级功能。

本书系统地讲解 Flutter 基础知识，这些都是在实际项目中经常会遇到的，既适合初学者，也适合专业技术人员。当然，如果读者有移动端或者前端开发经验，阅读起来体验会更好。本书各章内容相对独立，可以顺序阅读，也可以参照目录阅读需要的内容。

由于篇幅所限，本书中大多数示例代码都只是部分核心代码，完整代码可到 GitHub 下载，地址为 https://github.com/781238222/flutter_examples。

致谢

首先感谢机械工业出版社吴怡编辑的耐心指点及帮助，在本书写作过程中吴怡编辑提供了非常专业的建议，并对本书进行了严格的审读。

然后要特别感谢我的爱人。2020 年的新年是特殊的，新冠疫情给我们带来了巨大的困难，我的爱人作为一名医务工作者奋斗在疫情第一线，给我极大的鼓舞。没有她的勇敢和付出，本书也没有办法顺利到达你的手上。最后祝愿人类早日战胜病毒。

作者
于 2020 年春节

Contents 目　　录

第 1 章

Flutter 简介及环境搭建

本章主要介绍移动端软件的发展历程、Flutter 诞生背景、Flutter 的优缺点以及 Flutter 开发环境的搭建，为学习 Flutter 做好前期准备工作。

通过本章，你将了解如下内容：

- 移动端软件发展历程
- Flutter 简介
- 搭建开发环境

1.1 移动端软件发展历程

2008 年 7 月，苹果公司推出第一代手机 iPhone 3G，同年 9 月谷歌正式发布了 Android 1.0 系统，标志着正式步入移动端（特指 Android 和 iOS，下同）发展期，移动端的发展历史，按照开发者的经历大致可以分为 4 个阶段：原生阶段、Hybird 阶段、RN 阶段、Flutter 阶段。

原生阶段：我们使用原生语言（Android 使用 Java 或 Kotlin，iOS 使用 Objective-C 或 Swift）开发应用，对同样的功能需要写 Android 和 iOS 两个版本，开发和维护成本都很高，同时动态化能力非常弱，紧急问题的修复和添加新功能都需要到相应平台发版，尤其是 iOS 审核的周期非常长。从开发者的角度出发，是否有一种方案可以开发一套代码能在多个平台运行且能够动态发版，而无须再经过平台的审核？基于这个需求，

HTML5 兴起，移动端发展步入了 Hybird 阶段。

Hybird 阶段：通过 WebView 容器加载 HTML5 网页进行渲染，通过 JavaScript Bridge 调用一部分系统能力，同步更新服务器上的 HTML5 网页。我们还实现了动态更新，一切看似美好。可是 Hybird 阶段仅仅持续了很短的时间，因为我们发现这种方案存在致命的缺陷——性能。大家都在想有没有一种既能跨平台，性能又高的方案呢？于是移动端发展步入了 RN 阶段。

RN 阶段：RN 是 React Native 的简称，当然这个阶段不只有 React Native，还有 Weex 等跨平台方案，它们的原理大同小异，都是使用 JavaScript 开发，但是绘制交给原生平台，通过 JavaScript VM 的解析桥接原生控件进行绘制，这样性能得到了极大提升。但是随着开发的进行，我们又发现了新的问题——桥的成本太高，当频繁地跨桥调用时就会出现性能问题，比如 ListView 的滑动，React Native 早期的 ListView 控件存在极大的性能问题。除了性能问题，维护成本也很高，由于 React Native 要桥接到原生控件，但 Android 和 iOS 控件的差异导致 React Native 无法统一 API，有的属性 iOS 支持，Android 不支持，有的 Android 支持，iOS 不支持，这就导致经常需要开发 Android 和 iOS 两套插件，另外还需要维护 React Native 端，RN 架构（尤其是版本升级）维护成本比 Android 和 iOS 还要高，所以综合下来成本比原来还高，这个阶段的跨平台就失去了意义。Flutter 在这个时候就应运而生了。

Flutter 阶段：Flutter 吸收了前面的经验，既没有使用 WebView，也没有使用原生控件进行绘制，而是自己实现了一套高性能渲染引擎来绘制 UI，这个引擎就是大名鼎鼎的 Skia，Skia 是一个 2D 绘图引擎库，Chrome 和 Android 都采用 Skia 作为引擎。Flutter 完美地解决了跨平台代码复用和性能问题，大家都在感叹：似乎 UI 迎来了终极解决方案。

1.2　Flutter 简介

Flutter 是谷歌的移动 UI 框架，可以快速在 iOS 和 Android 上构建高质量的原生用户界面。 Flutter 可以与现有的代码一起工作。在全球范围，Flutter 被越来越多的开发者和组织使用，并且 Flutter 是完全免费、开源的。

从 2018 年 5 月 Google I/O 正式公布 Flutter 以来，Flutter 热度一直上升，在 Stack-Overflow 2019 年的全球开发者问卷调查中，Flutter 当选为最受开发者欢迎的框架之一，甚至超过了 TensorFlow 和 Node.js。

Flutter 的发展史：

- 2014 年 10 月，Flutter 的前身 Sky 在 GitHub 上开源。
- 2015 年 10 月，经过一年的开源，Sky 正式改名为 Flutter。
- 2017 年 5 月，Google I/O 正式向外界公布了 Flutter，Flutter 正式进入了大家的视野。
- 2018 年 6 月，发布 Flutter 1.0 预览版。
- 2018 年 12 月，Flutter 1.0 发布，它的发布将 Flutter 的学习和研究推到了一个新的高点。

2019 年 11 月，Flutter 发布 1.12 版本，发展速度超乎想象。不难看出，Google 对 Flutter 寄予了厚望，投入了大量的资源，Flutter 正在走向成熟并不断壮大，生态圈也在持续完善。

Flutter 的优势：

- 快速开发，Flutter 的热重载可以极大地提高开发效率。移动端的开发者都知道，即使只修改了很小的一个地方，都需要重新编译才能看到效果，而其编译时间是极其漫长的，大一些的项目能达到用时几分钟甚至几十分钟，但是 Flutter 可以在亚秒内重载，并且不会丢失状态。
- 富有表现力，能创建漂亮的用户可设置界面。Flutter 内置了漂亮的 Material Design 和 Cupertino 风格的控件，丰富的动画效果为你带来全新的用户体验。
- 媲美原生的性能。Flutter 的 Widget 包含了所有关键的平台差异，比如滚动、导航、图标和字体，使用 Dart 语言的本地编译器可将 Flutter 代码编译成本地 ARM 机器代码。因此 Flutter 在 iOS 和 Android 上都能带来完全的本地性能。

很多人会问，Flutter 会火吗？我会反问，难道现在的 Flutter 不火吗？如果你问我 Flutter 会火多久，这个还真不好回答，因为一直火下去不仅仅关乎技术，还涉及很多因素，比如生态等。即使有一天 Flutter 沉寂了，那一定有另一个和 Flutter 类似的跨平台技术出现。那么，我们还等什么？让我们开始学习吧。

1.3 搭建开发环境

Flutter 可以跨平台运行在 Mac OS、Windows 等系统上。下面介绍如何在 Mac OS、Windows 系统上搭建开发环境。

搭建开发环境有如下 5 个步骤：

1）下载 Flutter SDK。

2）设置镜像地址及环境变量。

3）Android Studio 的安装及设置。

4）安装 Xcode。

5）检查 Flutter 开发环境。

1.3.1 下载 Flutter SDK

在 Flutter 官网下载最新的 SDK，Windows 版本下载地址为 https://flutter.dev/docs/get-started/install/windows，如图 1-1 所示。Mac 版本下载地址为 https://flutter.dev/docs/get-started/install/macos。

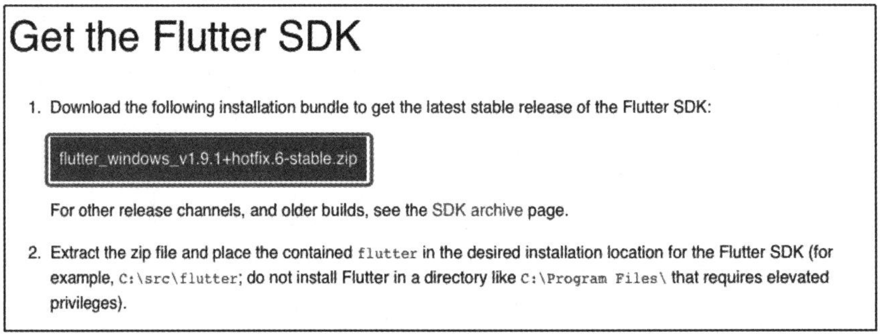

图 1-1 Windows 版本下载界面

如果 Flutter 官网无法访问，可以到 Flutter GitHub 主页去下载，地址是 https://github.com/flutter/flutter/releases，下载最新的 zip 包即可，如图 1-2 所示。

将安装包 zip 文件解压到想安装 Flutter SDK 的目录下即可，注意不要将 Flutter SDK 安装到需要高级权限的路径上，如 C:\Program Files\ 或者 C:\Program Files（x86）。

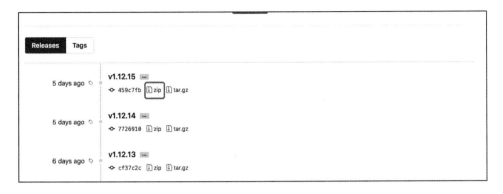

图 1-2　Flutter GitHub 主页

1.3.2　设置镜像地址及环境变量

Flutter 官方为中国开发者搭建了临时镜像，需要添加如下环境变量：

```
export PUB_HOSTED_URL=https://pub.flutter-io.cn
export FLUTTER_STORAGE_BASE_URL=https://storage.flutter-io.cn
```

> **注意**　此镜像为临时镜像，并不能保证一直可用，读者可以参考 https://github.com/ flutter/flutter/wiki 以获得有关镜像服务器的最新动态。

另外，运行 Flutter 命令需要将 Flutter SDK 的全路径（如 D:\flutter\bin）设置给环境变量 Path。设置方法如下。

1. Windows 中设置镜像地址

右击"我的电脑"，在菜单中选择"属性→高级系统设置→环境变量"，出现如图 1-3 所示的界面。

在下半部分的"系统变量"中查找是否有 Path 属性：

- 如果有，把 Flutter SDK 的全路径（如 D:\flutter\bin）添加到 Path 的末尾。注意，如果 Path 前面的值末尾没有英文分号"；"，则需要添加英文分号分隔开。
- 如果没有，创建一个新的环境变量，并把 Flutter SDK 的全路径（如 D:\flutter\ bin）作为 Path 的值。

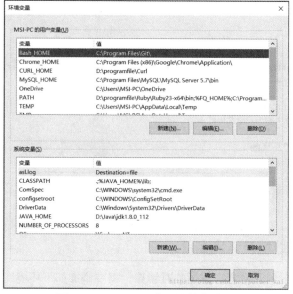

图 1-3　Windows 中设置镜像地址

点击用户变量的"新建"按钮，添加用户变量（参见图 1-4 ）：

```
PUB_HOSTED_URL=https://pub.flutter-io.cn
FLUTTER_STORAGE_BASE_URL=https://storage.flutter-io.cn
```

图 1-4　设置镜像

2. Mac OS 中设置镜像地址

具体步骤如下：

1）打开终端，输入命令 vi ./.bash_profile，出现如下内容：

```
export PATH=/Users/mqd/Library/Android/sdk/platform-tools/:$PATH
export PATH=${PATH}:/Users/mqd/Library/Android/sdk/ndk-bundle
A_NDK_ROOT=/Users/mqd/Library/Android/sdk/ndk-bundle
export A_NDK_ROOT
export PATH=$PATH:/Users/mqd/project/flutter/bin
export BIU_PATH=/Library/ibiu
export PATH=$PATH:$BIU_PATH
~


~
~
"./.bash_profile" 9L, 451C
```

2）上面 export 部分就是我们设置的环境变量，输入 i 进入编辑模式，将下面的值添加到末尾：

```
export PUB_HOSTED_URL=https://pub.flutter-io.cn
export FLUTTER_STORAGE_BASE_URL=https://storage.flutter-io.cn
export PATH=$PATH:[ 你的 flutter 路径 ]/flutter/bin
```

3）按 Esc 键，输入 ":wq!"（冒号和感叹号必须是英文模式），按回车键。

4）此时变量已经设置完成，输入命令 source ./.bash_profile 使其生效。

5）检查是否设置成功，输入命令 echo $FLUTTER_STORAGE_BASE_URL，输出如下内容则表示设置成功：

```
https://storage.flutter-io.cn
```

1.3.3　Android Studio 的安装及设置

安装及设置 Android Studio 的具体步骤如下：

1）下载并安装 Android Studio，下载地址为 https://developer.android.google.cn。安装后启动 Android Studio，按照 "Android Studio 安装向导" 的指示步骤安装最新的

Android SDK、Android SDK Platform-Tools、Android SDK Build-Tools，这些是 Flutter 开发 Android 所必需的。

2）安装 Flutter Plugin 和 Dart Plugin，进入设置界面，选择 Android Studio → Preferences → Plugins，如图 1-5 所示。

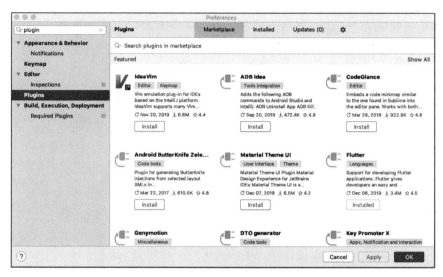

图 1-5　Plugins 界面

3）搜索 flutter，得到图 1-6 所示界面。点击 Installed 按钮进行安装。

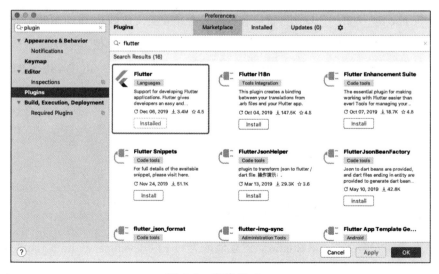

图 1-6　安装 Flutter

4）搜索 Dart，如图 1-7 所示。点击 Install 按钮进行安装。

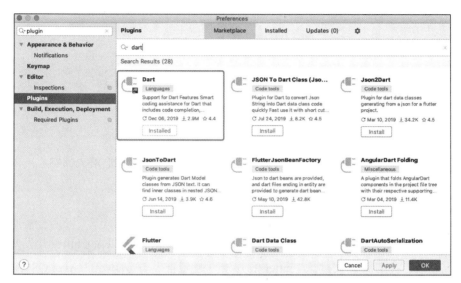

图 1-7　安装 Dart

5）重启 Android Studio，点击 File → New，你会发现有一个 New Flutter project 选项，证明已经安装成功。

Flutter 官网推荐的编辑器有 Android Studio 和 VS Code，我们推荐使用 Android Studio。

1.3.4　安装 Xcode

如果是 Mac 系统，还需要安装 Xcode，有条件的话建议使用 Mac 系统，毕竟 Flutter 最终需要在 iOS 手机上运行，在 Windows 系统上是无法打包 iOS App 的。

Xcode 的安装比较简单，直接在 App Store 上搜索 Xcode，安装即可。

1.3.5　检查 Flutter 开发环境

在终端输入命令 flutter doctor，输出如下信息：

```
Doctor summary (to see all details, run flutter doctor -v):
[√] Flutter (Channel stable, v1.9.1+hotfix.6, on Mac OS X 10.14.6 18G1012,
```

```
    locale zh-Hans-CN)

[!] Android toolchain - develop for Android devices (Android SDK version 28.0.3)
    ! Some Android licenses not accepted.  To resolve this, run: flutter doctor
      --android-licenses
[√] Xcode - develop for iOS and macOS (Xcode 11.2.1)
[√] Android Studio (version 3.5)
[√] Connected device (1 available)

! Doctor found issues in 1 category.
```

运行结果表明没有缺失的环境，如果出现红色叉，则需要我们解决问题。

1.4 本章小结

本章介绍了移动端软件的发展历史、Flutter 的发展历史以及 Flutter 开发环境的安装。下面，我们将正式进入 Flutter 的开发。强烈推荐开发环境为 Mac OS+Android Studio，后面章节中的例子均是在此环境下开发的。

02 CHAPTER

第2章 初识 Flutter 项目

本章主要介绍 Flutter 项目的创建、目录结构以及发布流程等，让我们对 Flutter 项目有一个整体、清晰的认识。

通过本章，你将学习如下内容：

- 创建 Flutter 项目
- 项目目录说明
- App 调试运行
- 设置 App 名称及图标
- 设置 App 启动页
- App 构建发布

2.1 创建 Flutter 项目

我们使用 Android Studio 创建一个 Flutter App。打开 Android Studio，点击 File → New → New Flutter Project，如图 2-1 所示。

在出现的界面上选择 Flutter Application，点击“Next”按钮，如图 2-2 所示。

在 New Flutter Application 界面上填写 Project name、Flutter SDK path（路径）、Project location 的名称，然后，点击“Next”按钮，如图 2-3 所示。

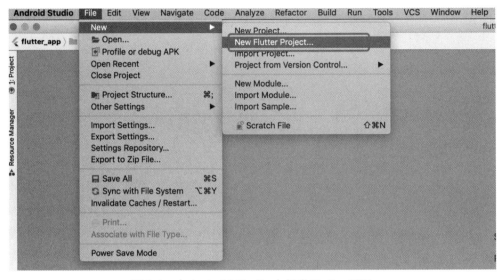

图 2-1　在 Android Studio 中创建 Flutter 项目

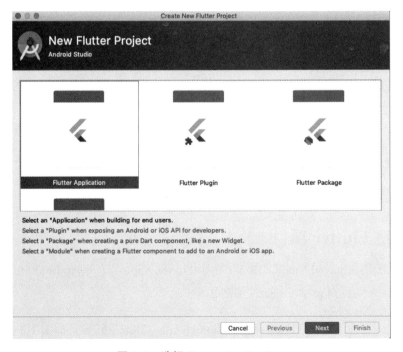

图 2-2　选择 Flutter Application

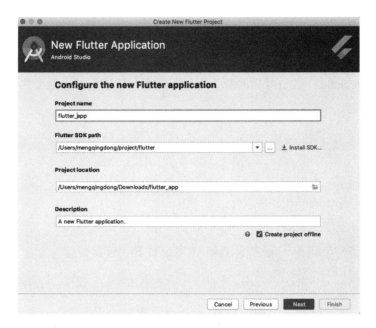

图 2-3　填写 Project name 等信息

进入设置包名界面，如图 2-4 所示。

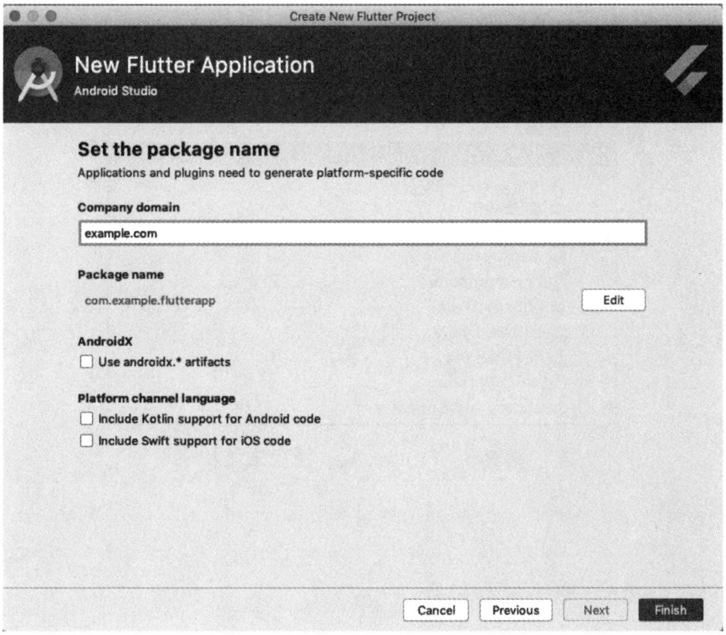

图 2-4　设置包名界面

其中，各选项的含义如下。

- Company domain：可以任意填写，当然，名称最好有意义。
- Package name：点击后面的"Edit"按钮手动编辑包名，这个名称就是我们的 App 包名。

下面是 3 个可选项，如果对 Android 或者 iOS 开发不熟悉，建议不要勾选这 3 个选项。

- AndroidX：androidx 组件。
- Include Kotlin support for Android code：Android 支持 Kotlin。
- Include Swift support for iOS code：iOS 支持 Swift。

填写信息后点击"Finish"按钮，此时我们的第一个 Flutter App 就已经创建好了。

2.2 项目目录说明

Flutter App 的目录结构如图 2-5 所示。

图 2-5 Flutter App 的目录结构

目录说明如下。

- android：Android 原生代码目录。
- ios：iOS 原生代码目录。
- lib：Flutter 项目的核心目录，我们写的代码就放在这个目录，我们可以在这个目

　　录创建子目录。

■ test：测试代码目录。

■ pubspec.yaml：Flutter 项目依赖的配置文件，类似于 Android　build.gradle 文件，
　这里面包含了 Flutter SDK 版本、依赖等，后面我们将在学习过程中具体说明。

这是最简单的 App 目录，实际项目会比这复杂，但万变不离其宗。

2.3　App 调试运行

下面讲解如何在 Android 手机和 iOS 手机上调试运行 Flutter App。

2.3.1　Android 手机调试运行

　　我们先在 Android 手机上运行，看看效果。在 Android Studio 顶部我们可以看到工
具栏，如图 2-6 所示。

图 2-6　Android Studio 顶部工具栏

　　在第一个选项框中出现 <no device> 表示电脑未连接手机，则我们把 Android 手机
和电脑通过 USB 线连接在一起，如果还显示 <no device>，则需要启用"开发人员选项"
和"USB 调试"。

注
意　　默认情况下设备是不显示"开发人员选项"的，需要通过"设置→关于手机"，
　　连续点击"版本号"5 次，然后会提示打开了"开发人员选项"，然后可以在设
　　备中看到此选项，进入"开发人员选项"打开 USB 调试即可。如果按照上面的
　　方法还是无法打开"开发人员选项"，是由于不同手机厂商导致操作方法略有不
　　同，可根据自己手机型号自行百度。

　　启用"开发人员选项"后，手机上会弹出"允许 USB 调试吗？"，点击确定。此时
会出现手机型号的选项，选择相应的手机作为允许的设备，如图 2-7 所示。

图 2-7　选择相应的手机型号

注意　手机系统需要 Android 4.1(API Level 16) 或更高的版本。

此时点击绿色的三角按钮运行调试，如图 2-8 所示。

图 2-8　运行调试按钮

一般情况下，我们都会遇到如下问题：

```
Launching lib/main.dart on ONEPLUS A5010 in debug mode...
Initializing gradle...
Finished with error: ProcessException: Process "/Users/mengqingdong/project/flutter_app/flutter_app/android/gradlew" exited abnormally:
Unzipping /Users/mengqingdong/.gradle/wrapper/dists/gradle-4.10.2-all/9fahxiiecdb76a5g3aw9oi8rv/gradle-4.10.2-all.zip to /Users/mengqingdong/
.gradle/wrapper/dists/gradle-4.10.2-all/9fahxiiecdb76a5g3aw9oi8rv

Exception in thread "main" java.util.zip.ZipException: error in opening zip file
    at java.util.zip.ZipFile.open(Native Method)
    at java.util.zip.ZipFile.<init>(ZipFile.java:219)
    at java.util.zip.ZipFile.<init>(ZipFile.java:149)
    at java.util.zip.ZipFile.<init>(ZipFile.java:163) <8 internal calls>
Command: /Users/mengqingdong/project/flutter_app/flutter_app/android/gradlew -v
```

这个问题可能是由两个方面引起的：

1）依赖的插件无法下载，导致编译不过。

解决办法如下：打开项目的 android → build.gradle，将如下代码

```
google()
jcenter()
```

替换为

```
maven{ url 'https://maven.aliyun.com/repository/google'}
maven{ url 'https://maven.aliyun.com/repository/gradle-plugin'}
maven{ url 'https://maven.aliyun.com/repository/public'}
maven{ url 'https://maven.aliyun.com/repository/jcenter'}
```

最终效果如图 2-9 所示。

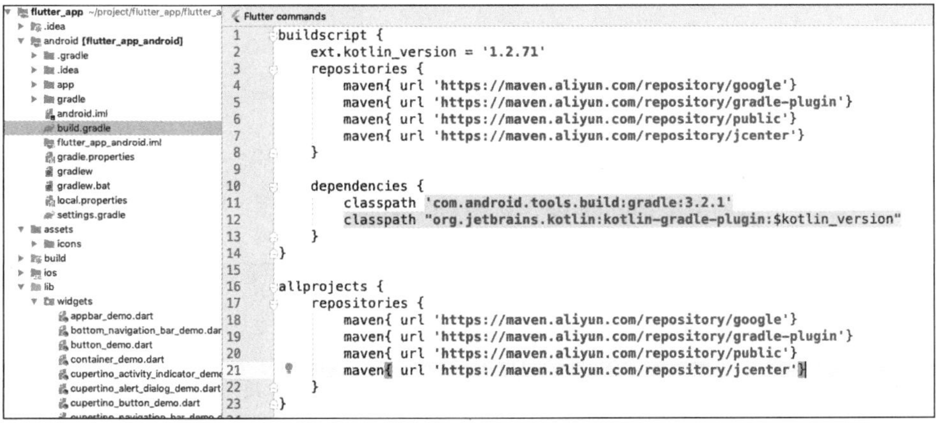

图 2-9　build.gradle 设置

打开 Flutter SDK 中 packages → flutter_tools → gradle → flutter.gradle，将如下代码：

```
maven{ url 'https://maven.aliyun.com/repository/google'}
maven{ url 'https://maven.aliyun.com/repository/gradle-plugin'}
maven{ url 'https://maven.aliyun.com/repository/public'}
maven{ url 'https://maven.aliyun.com/repository/jcenter'}
```

添加到 google() 的上面，最终效果如图 2-10 所示。

图 2-10　flutter.gradle 设置

2）如果上面的方法还没有解决问题，找到问题中 gradle 的文件，比如我的路径是：
/User/mengqingdong/.gradle/wrapper/dists/gradle-4.10.2-all/，将 gradle-4.10.2-all 文件删除，

再次运行（点击图 2-8 所示的绿色三角按钮）即可，这个时候就可以在手机上看到运行效果了。

2.3.2　iOS 手机调试运行

可以使用 iOS 模拟器查看效果，因为模拟器的效果和真机一样。在 Android Studio 设备选择中选择"open iOS Simulator"创建 iOS 模拟器，如图 2-11 所示。

图 2-11　创建 iOS 模拟器

模拟器创建成功后击"运行"，运行效果如图 2-12 所示。

图 2-12　iOS 模拟器运行效果

这时我们看到 Flutter App 已经运行起来了，点击"＋"按钮，屏幕中间的数字就会加 1，这个效果的实现代码在 lib\main.dart 中。

```
void main() => runApp(MyApp());
```

这是入口函数，运行 MyApp。MyApp 类如下所示：

```
class MyApp extends StatelessWidget {
  // This widget is the root of your application.
  @override
  Widget build(BuildContext context) {
    return MaterialApp(
      title: 'Flutter Demo',
      theme: ThemeData(
        primarySwatch: Colors.blue,
      ),
      home: MyHomePage(title: 'Flutter Demo Home Page'),
    );
  }
}
```

其中，MaterialApp 表示使用 Material 风格（第 3 章会具体介绍 Material 风格组件）；title 为标题；theme 为主题，这里可以设置全区主题（第 3 章会具体介绍 theme）；home 为首页，当前加载的 Widget，例子中加载的是 MyHomePage Widget。

MyHomePage 如下所示：

```
class MyHomePage extends StatefulWidget {
  MyHomePage({Key key, this.title}) : super(key: key);
  final String title;
  @override
  _MyHomePageState createState() => _MyHomePageState();
}
```

createState 方法中创建了 _MyHomePageState，如下所示：

```
class _MyHomePageState extends State<MyHomePage> {
  int _counter = 0;
  void _incrementCounter() {
    setState(() {
      _counter++;
    });
  }
```

```
@override
Widget build(BuildContext context) {
  return Scaffold(
    appBar: AppBar(
      title: Text(widget.title),
    ),
    body: Center(
      child: Column(
        mainAxisAlignment: MainAxisAlignment.center,
        children: <Widget>[
          Text(
            'You have pushed the button this many times:',
          ),
          Text(
            '$_counter',
            style: Theme.of(context).textTheme.display1,
          ),
        ],
      ),
    ),
    floatingActionButton: FloatingActionButton(
      onPressed: _incrementCounter,
      tooltip: 'Increment',
      child: Icon(Icons.add),
    ),
  );
}
}
```

其中，_counter 属性就是 App 上展示的数字；incrementCounter 方法对 counter 执行加 1 操作，点击"＋"按钮调用此方法；setState 方法中加 1 会更新到屏幕上；Scaffold 是和 Material 配合使用的控件；AppBar 是顶部的区域，如图 2-13 所示。

图 2-13 控件界面

body 表示 AppBar 以下区域；Center 为容器类控件，子控件居中显示；Column 为容器类控件，子控件垂直排列；Text 为文本控件；FloatingActionButton 为按钮控件，也就是 App 中 "+" 按钮。

上面一些控件和方法在后面的相应章节中会具体介绍。

2.4　设置 App 名称、图标

当我们发布一款 App 的时候，最重要的就是确定 App 名称和图标，下面介绍如何设置、修改 App 名称和图标。

2.4.1　Android 设置 App 名称、图标

打开 android → app → src → main → AndroidManifest.xml，如图 2-14 所示。

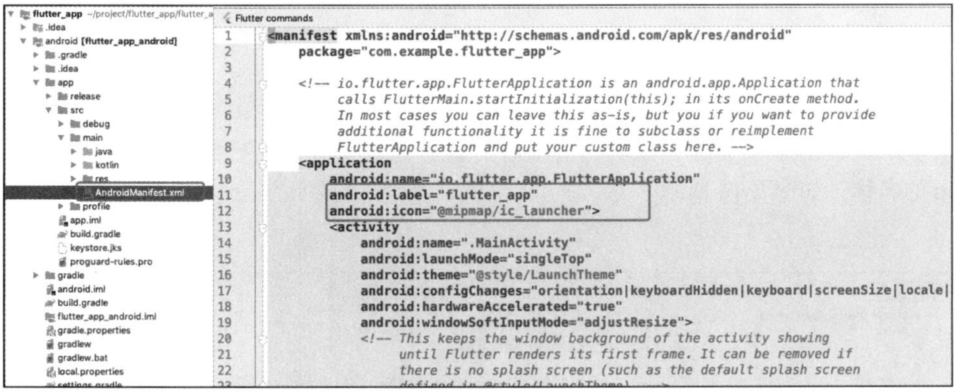

图 2-14　Android 设置 App 名称

label 和 icon 属性表示 App 的名称和图标。label 比较简单，我们可随意更改，例如改为 "Flutter 实战入门"。icon 的值默认是 @mipmap/ic_launcher，其中 mipmap 是 Android 的一类资源，在 android → app → src → main → res 下，如图 2-15 所示。

因此，只需要用我们的 icon 图片替换掉原来的 ic_launcher.png 即可，图片名称要一样。目录中有 mipmap-mdpi、mipmap-hdpi、mipmap-xdpi、mipmap-xxdpi、mipmap-xxxdpi，这代表不同分辨率的手机加载不同的图片。手机分辨率越高，加载的图标分辨率越高，正常情况下，mipmap-mdpi 放置 48×48（像素，下同）的图标，mipmap-hdpi 存

放 72×72，mipmap-xdpi 存 放 96×96，mipmap-xxdpi 存 放 144×144，mipmap-xxxdpi 存放 192×192。

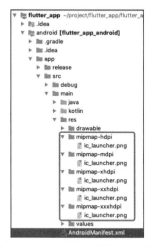

图 2-15　Android 设置 App 图标

2.4.2　iOS 设置 App 名称、图标

打开 ios → Runner → Info.plist 文件，<key> CFBundleName</key> 下面的值表示 App 的名称，如图 2-16 所示。

```
1   <?xml version="1.0" encoding="UTF-8"?>
2   <!DOCTYPE plist PUBLIC "-//Apple//DTD PLIST 1.0//EN" "http://www.apple.c
3   <plist version="1.0">
4   <dict>
5       <key>CFBundleDevelopmentRegion</key>
6       <string>$(DEVELOPMENT_LANGUAGE)</string>
7       <key>CFBundleExecutable</key>
8       <string>$(EXECUTABLE_NAME)</string>
9       <key>CFBundleIdentifier</key>
10      <string>$(PRODUCT_BUNDLE_IDENTIFIER)</string>
11      <key>CFBundleInfoDictionaryVersion</key>
12      <string>6.0</string>
13      <key>CFBundleName</key>
14      <string></flutter_app</string>
15      <key>CFBundlePackageType</key>
16      <string>APPL</string>
17      <key>CFBundleShortVersionString</key>
18      <string>$(FLUTTER_BUILD_NAME)</string>
19      <key>CFBundleSignature</key>
20      <string>????</string>
21      <key>CFBundleVersion</key>
22      <string>$(FLUTTER_BUILD_NUMBER)</string>
23      <key>LSRequiresIPhoneOS</key>
24      <true/>
```

图 2-16　iOS 设置 App 名称

修改 App 的名称为"Flutter 实战入门"。

打开 ios → Runner → Assets.xcassets → AppIcon.appiconset，如图 2-17 所示。

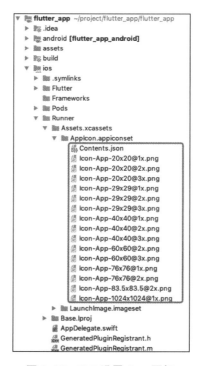

图 2-17　iOS 设置 App 图标

我们只需将这个文件夹里的图片替换为我们的图标即可，注意名称和分辨率保持一致。修改后的效果如图 2-18 所示。

图 2-18　修改后的效果

2.5 设置 App 启动页

绝大部分 App 在启动的时候会出现一个大概 3 秒左右的启动页（也叫闪屏页），然后再进入主页。做过原生开发的人都知道，启动页是为了避免白屏现象。Flutter 项目的启动页是在原生端处理的，那为什么不在 Flutter 端处理呢？这也是为了避免白屏现象，加载 Flutter 预处理相对比较耗时。下面讲解如何设置启动页。

2.5.1 Android 设置启动页

打开 android → app → src → main → AndroidManifest.xml，如图 2-19 所示。

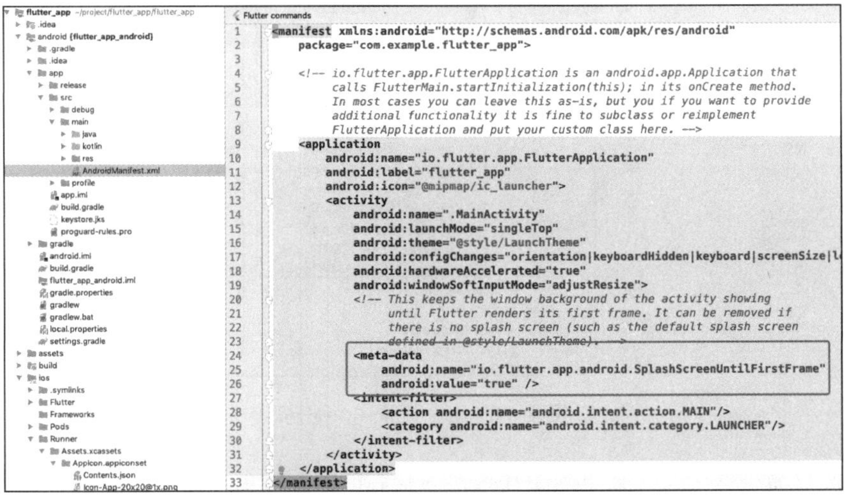

图 2-19 Android 设置启动页

图 2-19 圈中部分的 value 值为 true，代表开启"启动页"，如果设置为 false，则不开启"启动页"。

打开 android → app → src → main → res → drawable → launch_background.xml，如图 2-20 所示。

默认的启动页是白色的，若要换成图片，首先把名为 splash.png 的图片拷贝到 drawable 目录下，然后将如下代码添加到 layer-list 中：

```
<item>
    <bitmap
```

```
       android:gravity="center"
       android:src="@drawable/splash" />
    </item>
```

图 2-20　启动页

效果如图 2-21 所示。

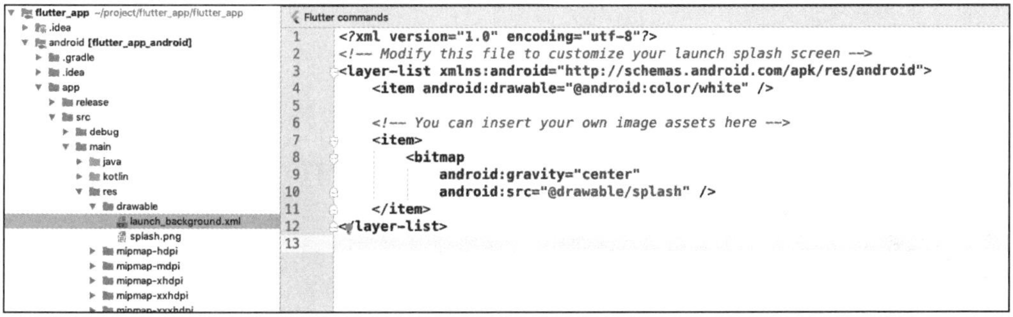

图 2-21　将默认启动页换为图片

Android 启动页的图片我们就设置完成了。

2.5.2　iOS 设置启动页

iOS 设置启动页相对比较简单，打开 ios → Runner → Assets.xcassets → LaunchImage. imageset，如图 2-22 所示。

将 LaunchImage.png、LaunchImage@2x.png、LaunchImage@3x.png 替换为我们自己的启动页图片即可，注意保持名称、图片分辨率一致。

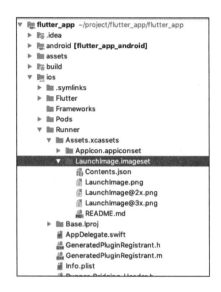

图 2-22　iOS 设置启动页

2.6　App 构建发布

当 App 开发完成后，需要将 App 发布到各大商店上线，此时需要构建 Android 端和 iOS 端 App，本节将介绍如何构建 Android 端和 iOS 端 App。

2.6.1　Android 构建发布

当 App 开发完成后，我们需要构建 release 版本发布到应用商店。在开始构建 release 版本前需要做的准备工作包括：gradle 配置设置、创建并引用签名、开启混淆等。下面分别介绍。

1. gradle 配置设置

打开 android → app → build.gradle，需要注意以下几个配置。

- applicationId：表示包名，在创建 App 的时候已经确定好了，一般不需要修改。
- minSdkVersion：指定最低级的 API 版本，16 代表 Android 的版本为 4.1，一般指定 16 即可，16 以下的手机基本没有了。
- versionCode 和 versionName 表示版本号和版本名称，版本号通常是从 1 开始累

加的整数，版本名称一般格式如 1.0.0。版本号和版本名称的设置在 android →
local.properties 文件中。

2. 创建并引用签名

如果 App 还没有 keystore（签名文件），则需要创建一个；如果有则略过。使用
Android Studio 创建 keystore 的步骤如下：

1）打开 File → Open，选择当前 Flutter App 的 android 目录，点击"Open"，此时
打开的是纯 Android 项目。打开后点击 Build → Generate Signed Bundle/APK，如图 2-23
所示。

此时出现创建 keystore 引导，如图 2-24 所示。

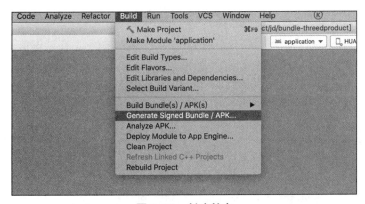

图 2-23　创建签名

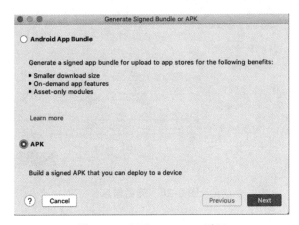

图 2-24　创建 keystore 引导

2）选择 APK 选项，点击"Next"按钮，出现的界面如图 2-25 所示。

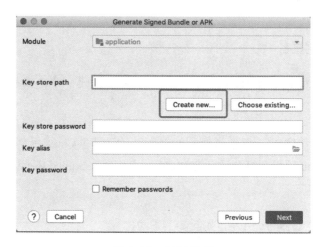

图 2-25　APK 确认

3）点击"Create new"按钮，出现的界面如图 2-26 所示。在其中填写如下 keystore 的信息。

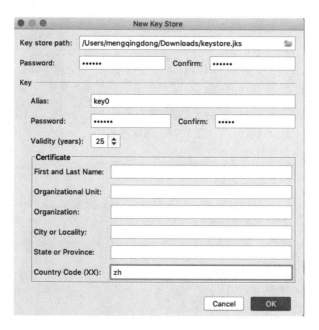

图 2-26　签名信息

■ key store path：签名的存放路径，一般我们放在当前 App 下。

- Password：签名密码。
- Confirm：签名密码确认。
- Alias：签名的别名，这个随便起，就像人的小名一样。
- Alias 下面的 Password：别名密码。
- Alias 下面的 Confirm：别名密码确认。
- Country Code：区域简称，我们一般写"zh"，代表中国。

其他可以省略。

注意选择 Key store path 路径时指定到 app 目录下，点击"OK"，此时签名已经创建好了。直接关闭当前对话框，打开 android/app/build.gradle 文件，找到 buildTypes，将如下代码：

```
// 配置 keystore 签名
    signingConfigs {
        release {
            storeFile file(" 创建时签名文件名称 ")
            storePassword " 创建时密码 "
            keyAlias " 创建时别名 "
            keyPassword " 创建时别名密码 "
        }
    }
```

添加到 buildTypes 同级别上，如下所示：

```
//配置keystore签名
signingConfigs {
    release {
        storeFile file("keystore.jks")
        storePassword "123456"
        keyAlias "key0"
        keyPassword "123456"
    }
}
buildTypes {
    release {
        // TODO: Add your own signing config for the release build.
        // Signing with the debug keys for now, so `flutter run --release` works.
        minifyEnabled true
        useProguard true

        proguardFiles getDefaultProguardFile('proguard-android.txt'), 'proguard-rules.pro'
        signingConfig signingConfigs.release
    }
}
```

3. 开启混淆（可以略过）

混淆不是必须的，但开启混淆将缩减 apk 文件的大小，还可以防止别人反编译我们的代码。打开 android/app/build.gradle 文件，找到 buildTypes，将如下代码添加到 buildTypes 中：

```
minifyEnabled true
    useProguard true
    proguardFiles getDefaultProguardFile('proguard-android.txt'),
       'proguard-rules.pro'
```

结果如下所示：

```
buildTypes {
    release {
        // TODO: Add your own signing config for the release build.
        // Signing with the debug keys for now, so `flutter run --release` works.
        minifyEnabled true
        useProguard true
        proguardFiles getDefaultProguardFile('proguard-android.txt'), 'proguard-rules.pro'
        signingConfig signingConfigs.release
    }
}
```

设置为 true，代表打开了混淆，proguard-rules.pro 是混淆文件。Flutter 默认情况下不开启混淆，所以没有创建此文件，需要手动在 android/app 下创建 proguard-rules.pro，并添加如下混淆规则：

```
 #Flutter Wrapper
-keep class io.flutter.app.** { *; }
-keep class io.flutter.plugin.**  { *; }
-keep class io.flutter.util.**  { *; }
-keep class io.flutter.view.**  { *; }
-keep class io.flutter.**  { *; }
-keep class io.flutter.plugins.**  { *; }
```

这个混淆规则只是混淆了 Flutter 引擎库，如果还有其他第三方库则需要添加与之对应的混淆规则。

4. 开始构建

打开 Android Studio，点击底部的"Terminal"窗口，执行命令：flutter build apk，效果如下：

```
ZBMAC-333fe2a45:jd_arvr_toolbox mengqingdong$ flutter build apk
You are building a fat APK that includes binaries for android-arm, android-arm64.
If you are deploying the app to the Play Store, it's recommended to use app bundles or split the APK to reduce the APK size.
    To generate an app bundle, run:
        flutter build appbundle --target-platform android-arm,android-arm64
        Learn more on: https://developer.android.com/guide/app-bundle
    To split the APKs per ABI, run:
        flutter build apk --target-platform android-arm,android-arm64 --split-per-abi
        Learn more on: https://developer.android.com/studio/build/configure-apk-splits#configure-abi-split
Initializing gradle...                           1.1s
Resolving dependencies...                       12.1s
Running Gradle task 'assembleRelease'...
Running Gradle task 'assembleRelease'... Done   82.3s
Built build/app/outputs/apk/release/app-release.apk (18.4MB).
```

表明构建成功，生成的 apk 的目录是：build/app/outputs/apk/release/app-release.apk。

2.6.2　iOS 构建发布

iOS 构建发布的步骤如下：

1）在 https://developer.apple.com/support/app-store-connect/ 上注册一个 Apple 开发者账号。

2）账号注册完成后创建一个应用，每一个应用都需要一个 Bundle ID，这个 Bundle ID 相当于唯一标识。Bundle ID 要与项目中的 Bundle ID 保持一致。

3）双击 ios/Runner.xcodeproj 文件，Xcode 将会打开此项目的 iOS 部分，点击 Runner，选择 General 选项卡，界面如图 2-27 所示。

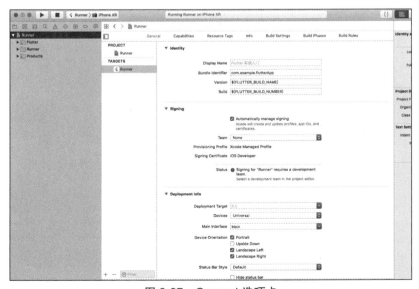

图 2-27　General 选项卡

其中各选项说明如下。

- Display Name：App 名称。
- Bundle Identifier：App 唯一标识，与开发者账号中应用的 Bundle ID 保持一致。
- Automatically manage signing：Xcode 自动管理签名，大多数情况下勾选。
- Team ：与 Android 的签名文件一样，iOS 是和 Apple 账号绑定的，需要选择 Add Account。
- Deployment Target: 设置应用支持的最低 iOS 版本。Flutter 支持 iOS 8.0 及更高版本。

此时打开终端，进入当前 App 目录 cd <app 目录 >，执行命令：flutter build ios，也可以在 Android Studio 的 Terminal 中执行如上命令。

2.7　本章小结

本章介绍了 Flutter 项目的创建、运行调试、构建等基础知识，便于读者从整体上了解 Flutter 项目，为接下来的学习打好基础。

第 3 章

组　件

本章介绍 Flutter 常用的基本组件，最后介绍一个"登录功能"项目作为本章的案例。目前 Flutter 组件非常丰富，若要介绍全部的组件以及组件的相关属性，那将是一项相当庞大的工程，何况 Flutter 一直在更新，组件也会越来越多，所以本章将介绍常用组件和常用属性，对于不常用的组件，读者只需要知道其存在，当用到的时候再查阅相关 API 文档即可。

由于 Flutter 版本更新相当快，而 API 文档使用起来不是很方便，因此阅读源码及源码文档注释是一个不错的学习方式，阅读源码可以极大地提高学习的效率，并为后期掌握进阶知识做准备。

通过本章，你将学习如下内容：

- 基础组件
- Material 风格组件
- Cupertino 风格组件
- 容器类组件
- 列表及表格组件

3.1　基础组件

基础组件用于处理文本和图片的基础操作，如文本展示、文本输入、图片加载、按钮设置、容器控制等。

3.1.1 文本组件（Text）

Text 组件是用于展示文本的组件，是最基本的组件之一。下面是 Text 源码的构造
函数：

```
class Text extends StatelessWidget {
  const Text(
    this.data, {// 显示的文本
    Key key,
    this.style, // 文本的样式，包括字体、颜色、大小等
    this.strutStyle,
    this.textAlign,// 对齐方式，包括左对齐、右对齐
    this.textDirection,// 文本方向，包括从左到右，从右到左
    this.locale,
    this.softWrap,// 是否自动换行
    this.overflow,// 文本的截取方式
    this.textScaleFactor,
    this.maxLines,// 显示的最大行数
    this.semanticsLabel,
    this.textWidthBasis,
  }) : assert(
      data != null,
      'A non-null String must be provided to a Text widget.',
    ),
    textSpan = null,
    super(key: key);
```

通过源码我们发现，很多情况下属性都是"顾名思义"的，比如 data 表示 Text 组
件展示的文本，是必填参数，style 表示文本的样式等。Text 主要属性参见表 3-1。

表 3-1　Text 属性

属　　性	说　　明
data	展示的文本
style	文本的样式，包括字体、颜色、大小等
textAlign	对齐方式，包括左对齐、右对齐等
textDirection	文本方向，包括从左到右，从右到左
softWrap	是否自动换行

（续）

属　性	说　明
overflow	文本的截取方式
maxLines	显示的最大行数

使用 Text 组件直接显示"Flutter 实战入门"，代码如下：

```
Text('Flutter 实战入门')
```

Text 组件中 style 属性表示文本的样式，类型为 TextStyle，TextStyle 主要属性参见 3-2。

表 3-2　TextStyle 属性

属　性	说　明
color	字体颜色
fontSize	字体大小
fontWeight	字体粗细，常用属性包括 FontWeight normal（默认）、FontWeight bold（粗体）
fontFamily	字体
letterSpacing	字母间距，默认为 0，负数间距越小，正数间距越大
wordSpacing	单词间距，默认为 0，负数间距越小，正数间距越大，注意和 letterSpacing 的区别，比如 hello，h、e、l、l、o 各是一个字母，hello 是一个单词
textBaseline	基线
foreground	前景
background	背景
shadows	阴影
decoration	文字划线，包括下划线、上划线、中划线

设置字体颜色为蓝色、字体大小为 20，带阴影，代码如下：

```
Text(
        style: TextStyle(color: Colors.blue,fontSize: 20,
            shadows: [
              Shadow(color: Colors.black12,offset: Offset(3, 3),blurRadius: 3)
            ]),
    )
```

效果如图 3-1 所示。

Flutter 实战入门

图 3-1　Text 样式实战

Text 组件中 textAlign 属性代表文本对齐方式，值包括左对齐、中间对齐、右对齐。
分别设置为左对齐、中间对齐、右对齐，代码如下：

```
Container(
  width: 300,
  color: Colors.black12,
  child: Text('Flutter 实战入门 '),
),
SizedBox(
  height: 10,
),
Container(
  width: 300,
  color: Colors.black12,
  child: Text(
    'Flutter 实战入门 ',
    textAlign: TextAlign.center,
  ),
),
SizedBox(
  height: 10,
),
Container(
  width: 300,
  color: Colors.black12,
  child: Text(
    'Flutter 实战入门 ',
    textAlign: TextAlign.end,
  ),
),
```

若要看到文本的对齐效果，需要父组件比文本组件大，所以加入 Container 父组件。
Container 是一个容器组件，SizeBox 是为了分割开 3 个 Text，效果如图 3-2 所示。

图 3-2　Text 对齐方式

softWrap 属性表示是否自动换行，设置为 true 表示自动换行，设置为 false 表示不自动换行，代码如下：

```
Text(
        'Flutter 实战入门 Flutter 实战入门 Flutter 实战入门 Flutter 实战入门
Flutter 实战入门 Flutter 实战入门 ',
        softWrap: true,
),
SizedBox(
    height: 10,
),
Text(
        'Flutter 实战入门 Flutter 实战入门 Flutter 实战入门 Flutter 实战入门
Flutter 实战入门 Flutter 实战入门 ',
        softWrap: false,
),
```

效果如图 3-3 所示。

图 3-3　Text 自动换行

Overflow 属性表示当文本超过范围时的截取方式，包括直接截取、渐隐、省略号。Overflow 的值参见表 3-3。

表 3-3　Overflow 的值

值	说　明
TextOverflow.clip	直接截取
TextOverflow.fade	溢出的部分会逐渐变为透明的，softWrap 设置为 false 才有效
TextOverflow.ellipsis	在后边显示省略号
TextOverflow.visible	溢出的部分显示在父组件外面，softWrap 设置为 false 才有效

Overflow 用法如下：

```
Container(
        width: 150,
        color: Colors.black12,
        child: Text(
          'Flutter 实战入门 截取方式: 直接截取 ',
          overflow: TextOverflow.clip,
          softWrap: false,
        ),
      ),
      SizedBox(
        height: 10,
      ),
      Container(
        width: 150,
        color: Colors.black12,
        child: Text(
          'Flutter 实战入门 截取方式: 渐隐 ',
          overflow: TextOverflow.fade,
          softWrap: false,
        ),
      ),
      SizedBox(
        height: 10,
      ),
      Container(
        width: 150,
        color: Colors.black12,
        child: Text(
          'Flutter 实战入门 截取方式: 省略号 ',
          overflow: TextOverflow.ellipsis,
          softWrap: false,
        ),
```

```
  ),
  SizedBox(
    height: 10,
  ),
  Container(
    width: 150,
    color: Colors.black12,
    child: Text(
      'Flutter 实战入门 截取方式：显示 ',
      overflow: TextOverflow.visible,
      softWrap: false,
    ),
  ),
```

效果如图 3-4 所示。

图 3-4　Overflow 的使用效果

项目中经常会遇到这样的需求：将一句话中的某几个字高亮显示。可以通过多个
Text 控件来实现这个需求，当然还有更简单的方式——通过 TextSpan 实现。例如，文
本展示"当前你所看的书是《 Flutter 实战入门》。"，其中"Flutter 实战入门"用红色高
亮显示，代码如下：

```
Text.rich(
    TextSpan(
        text: ' 当前你所看的书是《 ',
        style: TextStyle(color: Colors.black),
        children: <InlineSpan>[
          TextSpan(text: 'Flutter 实战入门 ', style: TextStyle(color: Colors.red)),
          TextSpan(
            text: '》。',
```

```
            ),
          ],
        ),
      ),
```

效果如图 3-5 所示。

图 3-5　TextSpan 的使用效果

3.1.2　文本输入组件（TextField）

TextField 组件常用的属性及说明如表 3-4 所示。

表 3-4　TextField 属性

属　　性	说　　明
decoration	文本周围的样式，包括边框、背景色、无内容提示、错误提示等
keyboardType	键盘的样式
style	文本的样式
textAlign	文本对齐方式
obscureText	设置为 true 时，为密码框
maxLength	最大长度
onChanged	文本发生变化时回调
onEditingComplete	编辑完成回调
inputFormatters	文本格式的限制，例如智能输入英文字符
enabled	是否可用

例如，输入框需求如下：圆角边框、文本居中、只能输入英文字符，代码如下：

```
TextField(
      decoration: InputDecoration(
        filled: true,
        border: OutlineInputBorder(
            borderRadius: BorderRadius.all(Radius.circular(20))),
      ),
      textAlign: TextAlign.center,
      inputFormatters: [
        WhitelistingTextInputFormatter(RegExp("[a-zA-Z]")),
      ],
    ),
```

运行结果如图 3-6 所示。

图 3-6　TextField 实现圆角框和英文字符居中

密码输入框，代码如下：

```
TextField(
      decoration: InputDecoration(labelText: ' 请输入密码 '),
      obscureText: true,
    ),
```

运行结果如图 3-7 所示。

图 3-7　密码输入框

3.1.3 图片组件（Image）

Image 组件用于显示图片，可以加载网络上、项目中或者设备上的图片，Image 组件常用属性参见表 3-5。

表 3-5 Image 属性

属　　性	说　　明
width、height	宽、高
fit	缩放方式： ● BoxFit.fill: 完全填充，宽高比可能会变 ● BoxFit.contain: 等比拉伸，直到一边填充满 ● BoxFit.cover: 等比拉伸，直到两边都填充满，此时一边可能超出范围 ● BoxFit.fitWidth: 等比拉伸，宽填充满 ● BoxFit.fitHeight: 等比拉伸，高填充满 ● BoxFit.none: 不拉伸，超出范围截取 ● BoxFit.scalDown: 等比缩小

1. 加载网络图片

加载网络图片代码如下：

```
Image.network(
    '图片网络地址',
    width: 200,
    height: 200,
)
```

使用 Image 控件的时候一般要指定 width、height 属性，如果不指定控件大小，Image 控制的大小依赖图片大小。

2. 加载项目中的图标

在根目录下创建 assets/icons 文件夹，此文件夹保存项目图标，将图片 flutter_icon.png 拷贝到此目录，打开 pubspec.yaml 文件，将如下代码添加到 flutter 下：

```
assets:
    - assets/icons/
```

如下所示：

```
flutter:

  # The following line ensures that the Material Icons font is
  # included with your application, so that you can use the icons in
  # the material Icons class.
  uses-material-design: true

  # To add assets to your application, add an assets section, like this:
  assets:
    - assets/icons/
```

如果编译不过（基本都会遇到），出现如下错误提示，检查 assets 前面是否有空格，如果有则去掉，将 assets 和 uses-material-design 对齐即可：

```
Performing hot reload...
Error detected in pubspec.yaml:
Error on line 44, column 4: Expected a key while parsing a block mapping.

44      assets:
        ^
```

加载图片代码如下：

```
Image.asset(
    'assets/icons/flutter_icon.png',
    width: 200,
    height: 200,
)
```

运行效果如图 3-8 所示。

图 3-8　加载项目中的图片

3. 加载手机 SD 卡上的图片

要想加载手机 SD 卡上的图片，首先要获取图片的路径，但 Android 和 iOS 系统路径不同，因此获取不同设备上的路径需要原生开发支持，只有原生应用才能获取当前设备的路径。原生应用与 Flutter 的混合开发后面第 9 章会具体介绍，这里依赖第三方库 (path_provider) 获取路径，在 pubspec.yaml 中添加 path_provider 依赖，如图 3-9 所示。

```
Flutter commands                                                      Packages get  Packages upgrade

sdk: ^2.0.0-dev.00.0 <3.0.0

dependencies:
  flutter:
    sdk: flutter
  flutter_localizations:
    sdk: flutter
  flutter_cupertino_localizations: ^1.0.1
  # The following adds the Cupertino Icons font to your application.
  # Use with the CupertinoIcons class for iOS style icons.
  cupertino_icons: ^0.1.2
  path_provider: ^0.4.1
  sqflite: ^1.1.0
  intl: ^0.16.0
```

图 3-9   添加 path_provider 依赖

添加后点击右上角的 Packages get 按钮即可使用 path_provider 的插件。path_provider 有两个获取路径的接口，如下所示：

```
Directory tempDir = await getTemporaryDirectory();
String tempPath = tempDir.path;

Directory appDocDir = await getApplicationDocumentsDirectory();
String appDocPath = appDocDir.path;

String storageDir = (await getExternalStorageDirectory()).path;
```

对于 Android 系统，各个接口路径如下。

- appDocDir：/data/user/0/[app package name]/
- tempDir：/data/user/0/[app package name] /cache
- storageDir：/storage/emulated/0/

Android 系统加载 SD 卡图片需要读写权限，需要在 android/app/src/main/AndroidManifest.xml 中添加读写权限：

```
<uses-permission android:name="android.permission.WRITE_EXTERNAL_STORAGE" />
<uses-permission android:name="android.permission.READ_EXTERNAL_STORAGE" />
```

效果如图 3-10 所示。

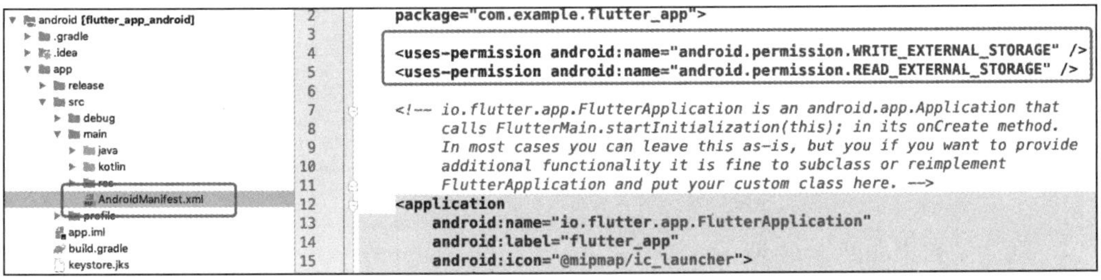

图 3-10 添加读写权限

对于 Android 6.0 及以上系统，"读写权限"需要动态申请，用户通过后才能使用，动态申请权限涉及原生开发，后面会具体介绍。也可以手动打开"读写"权限，打开"手机设置→应用和通知→ Flutter App →权限"，将读写权限打开即可。将 flutter_app. png 图片保存到 Android 手机的根目录，获取图片的路径代码如下：

```
String _storageDir = '';

 _getLocalFile() async {
   String storageDir = (await getExternalStorageDirectory()).path;
   setState(() {
     _storageDir = storageDir;
   });
   return storageDir;
 }
```

Image 加载图片如下所示：

```
Image.file(
      File('$_storageDir/flutter_app.png'),
      width: 200,
      height: 200,
    )
```

3.1.4　按钮组件（Button）

常用的按钮组件有 3 个：RaisedButton、FlatButton 、OutlineButton，这 3 个按钮的说明参见表 3-6。

表 3-6　按钮组件

按钮组件	说　明
RaisedButton	带阴影的按钮
FlatButton	无阴影的按钮
OutlineButton	带边框的按钮

默认的效果如图 3-11 所示。

图 3-11　按钮组件

按钮组件常用的属性参见表 3-7。

表 3-7　按钮组件属性

属　性	说　明
onPressed	点击回调，如果为 null，按钮为 disabled 状态
textColor	字体颜色
disabledTextColor	禁用状态下字体颜色
color	背景颜色
disabledColor	禁用状态下背景颜色
highlightColor	高亮时颜色
splashColor	水波纹颜色，点击会有水波纹效果
elevation	z 轴阴影
shape	外形状态

按钮组件基础用法如下：

```
RaisedButton(
        onPressed: (){print('onPressed');},
        child: Text('RaisedButton'),
    ),
      FlatButton(
        onPressed: () {},
        child: Text('FlatButton'),
```

```
        ),
        OutlineButton(
          onPressed: () {},
          child: Text('OutlineButton'),
        ),
```

带图标的按钮写法如下：

```
RaisedButton.icon(
        onPressed: () {},
        icon: Icon(Icons.access_alarm),
        label: Text('label')
    )
```

3.1.5　容器类组件（Container）

Container 是最常用的容器类组件之一，主要属性参见表 3-8。

表 3-8　Container 属性

属　　性	说　　明
alignment	对齐方式
padding	内边距
width	宽
height	高
margin	外边距
color	背景颜色
decoration	背景样式
foregroundDecoration	前景样式
transform	旋转、平移等 3D 操作
child	子控件

宽 300、高 100 的 Container，子组件是 Text 且居中显示，四周红色圆角边框，代码如下：

```
Container(
    width: 200,
    height: 100,
```

```
    padding: EdgeInsets.all(10),
    decoration: BoxDecoration(
        border:
            Border.all(color: Colors.red, width: 1, style: BorderStyle.solid),
        borderRadius: BorderRadius.all(Radius.circular(10))),
    child: new Text(" 子控件 "),
    alignment: AlignmentDirectional.center,
)
```

运行效果如图 3-12 所示。

图 3-12　Container 组件效果

3.1.6　容器类组件（Row 和 Column）

Row 和 Column 组件是最常用的容器类组件，可以控制多个子控件，Row 是水平方向，Column 是垂直方向，主要属性参见表 3-9。

表 3-9　Row 和 Column 属性

属　　性	说　　明
mainAxisAlignment	主轴方向对齐方式，Row 的主轴是水平方向，Column 的主轴是垂直方向
crossAxisAlignment	次轴对齐方式
textDirection	子控件排列方式
verticalDirection	垂直排列方式

有 3 个 Container 子控件分别为 1、2、3，子控件平均分布在 Row 内，代码如下：

```
Row(
    mainAxisAlignment: MainAxisAlignment.spaceEvenly,
    children: <Widget>[
```

```
Container(
  width: 50,
  height: 30,
  decoration: BoxDecoration(
      border: Border.all(
          color: Colors.red, width: 1, style: BorderStyle.solid)),
  child: new Text("1"),
  alignment: AlignmentDirectional.center,
),
Container(
  width: 50,
  height: 30,
  decoration: BoxDecoration(
      border: Border.all(
          color: Colors.red, width: 1, style: BorderStyle.solid)),
  child: new Text("2"),
  alignment: AlignmentDirectional.center,
),
Container(
  width: 50,
  height: 30,
  decoration: BoxDecoration(
      border: Border.all(
          color: Colors.red, width: 1, style: BorderStyle.solid)),
  child: new Text("3"),
  alignment: AlignmentDirectional.center,
),
],
)
```

代码运行效果如图 3-13 所示。

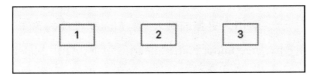

图 3-13 Row 效果

对齐方式属性参见表 3-10。

表 3-10　对齐方式属性

属　性	说　明
MainAxisAlignment.start	从头开始排列（左对齐） 1 2 3
MainAxisAlignment.center	居中排列 1 2 3
MainAxisAlignment.end	从末尾开始排列（右对齐） 1 2 3
MainAxisAlignment.spaceBetween	两边对齐，中间平分 1　2　3
MainAxisAlignment.spaceAround	开头和结尾的距离是中间的一半 1 2 3
MainAxisAlignment.spaceEvenly	开头、结尾、中间距离一样 1 2 3

3.2　Material 风格组件

Material Design 是 Google 在 2014 I/O 大会上发布的一套 UI 规范，它将经典的设计原理与科技创新相结合，给用户更强的融入感，Flutter 已经内置了 Material 风格组件。Material 风格组件在 "package:flutter/material.dart" 包下，使用 Material 风格组件需要引入此包：

```
import 'package:flutter/material.dart';
```

3.2.1　MaterialApp

MaterialApp 作为顶级容器表示当前 App 是 Material 风格的，MaterialApp 中设置的

样式属性都是全局的，这点尤其重要，MaterialApp 常用的属性参见表 3-11。

表 3-11　MaterialApp 属性

属　性	说　明
home	App 加载的首页，这个页面一定要包裹在 Scaffold 控件中
routes	应用程序的顶级路由表
initialRoute	如果设置了 routes，则显示这个路由
theme	App 级别的样式
locale	应用程序本地化初始区域设置
supportedLocales	应用程序已本地化的区域列表

通过源代码可知，MaterialApp 有很多参数，这些参数都是可以省略的，但是 [home] [routes][onGenerateRoute] 这三个参数至少要填写一个，否则 App 无法知道要加载哪个组件。例如，将系统的主题色设置为红色，代码如下：

```
MaterialApp(
    title: 'Flutter Demo',
    theme: ThemeData(

      primarySwatch: Colors.red,
    ),
    home: MyHomePage(title: 'Flutter Demo Home Page'),
  )
```

routes、initialRoute 等是路由相关的属性，路由的知识将在第 8 章详细介绍。

Locale、supportedLocales 等属性是本地化属性，相关知识在第 10 章 "国际化" 详细介绍。

3.2.2　Scaffold

Scaffold 是 Material 组件的布局容器，可用于展示抽屉（Drawer）、通知（Snack Bar）及底部导航的效果，Scaffold 主要属性参见表 3-12。

表 3-12 Scaffold 属性

属　性	说　明
appBar	界面顶部的 AppBar
body	当前界面显示的主要内容
floatingActionButton	悬浮按钮，默认显示在右下角
floatingActionButtonLocation	悬浮按钮位置
floatingActionButtonAnimator	悬浮按钮位置变换动画
persistentFooterButtons	底部按钮集合
bottomNavigationBar	底部导航 Bar
bottomSheet	底部左下角控件，位于 PersistentFooterButtons 上部
drawer	抽屉控件

下面是 Scaffold 的基本用法：

```
Scaffold(
    appBar: AppBar(title: Text('Flutter 实战入门'),),
    body: Container(
      child: Text('body'),
      alignment: Alignment.center,
    ),
    drawer: Drawer(
      child: ListView(
        children: <Widget>[
          DrawerHeader(
            child: Text('头像'),
          ),
          ListTile(title: Text("我的"),),
          ListTile(title: Text("关于"),),
          ListTile(title: Text("主页"),)
        ],
      ),
    ),
    endDrawer: Drawer(
      child: ListView(
        children: <Widget>[
          DrawerHeader(
            child: Text('头像 (end)'),
          ),
          ListTile(title: Text("我的"),),
```

```
        ListTile(title: Text("关于"),),
        ListTile(title: Text("主页"),)
      ],
    ),
  ),
  floatingActionButton: FloatingActionButton(onPressed: (){},child:
    Text('+'),),
  floatingActionButtonLocation: FloatingActionButtonLocation.endFloat,
  floatingActionButtonAnimator: FloatingActionButtonAnimator.scaling,
  persistentFooterButtons:List.generate(3, (index){
    return RaisedButton(onPressed: (){},child:
      Text("persistent"),textColor: Colors.black,);
  }),
  bottomNavigationBar: Row(
    children: <Widget>[
      Expanded(
        child: RaisedButton(onPressed: (){},child: Text("微信"),),
        flex: 1,
      ),
      Expanded(
        child: RaisedButton(onPressed: (){},child: Text("通讯录"),),
        flex: 1,
      ),
      Expanded(
        child: RaisedButton(onPressed: (){},child: Text("发现"),),
        flex: 1,
      ),
      Expanded(
        child: RaisedButton(onPressed: (){},child: Text("我"),),
        flex: 1,
      ),
    ],
  ),
  bottomSheet: RaisedButton(onPressed: (){},child: Text('bottomSheet'),),

)
```

运行效果如图 3-14 所示。

打开 Drawer 的效果如图 3-15 所示。

图 3-14 Scaffold 未打开抽屉效果

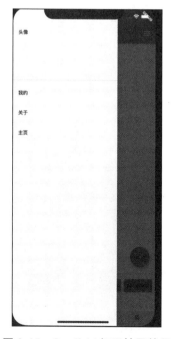

图 3-15 Scaffold 打开抽屉效果

3.2.3　AppBar

AppBar 显示在 App 的顶部，AppBar 结构如图 3-16 所示。

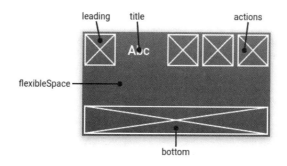

图 3-16　AppBar 结构

AppBar 属性参见表 3-13。

表 3-13　AppBar 属性

属　　性	说　　明
leading	显示在 title 前面的控件
title	标题
actions	title 后面的一系列组件
backgroundColor	背景颜色
textTheme	字体样式

左侧为返回按钮，title 是"Flutter 实战入门"，右侧有 3 个图标，代码如下：

```
Scaffold(
    appBar: AppBar(
      leading: IconButton(icon: Icon(Icons.arrow_back), onPressed: () {}),
      title: Text('Flutter 实战入门 '),
      actions: <Widget>[
        IconButton(icon: Icon(Icons.add), onPressed: () {}),
        IconButton(icon: Icon(Icons.dashboard), onPressed: () {}),
        IconButton(icon: Icon(Icons.cached), onPressed: () {}),
      ],
    ),
  )
```

运行效果如图 3-17 所示。

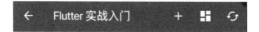

图 3-17　AppBar 效果

3.2.4　BottomNavigationBar

BottomNavigationBar 为底部导航控件，主要属性参见表 3-14。

表 3-14　BottomNavigationBar 属性

属　　性	说　　明
items	多个子组件
onTap	点击时回调
currentIndex	当前选中第几个 item
type	类型
fixedColor	type 为 fixed 时的颜色
backgroundColor	背景颜色

下面所示代码的效果类似于微信底部导航效果：

```
class BottomNavigationBarDemo extends StatefulWidget {
  @override
  State<StatefulWidget> createState() => _BottomNavigationBar();
}

class _BottomNavigationBar extends State<BottomNavigationBarDemo> {
  int _selectIndex = 0;
  @override
  Widget build(BuildContext context) {
    // TODO: implement build
    return Scaffold(
      bottomNavigationBar: BottomNavigationBar(
        items: <BottomNavigationBarItem>[
          BottomNavigationBarItem(
            title: Text(
              '微信',
            ),
```

```
          icon: Icon(
            Icons.access_alarms,
            color: Colors.black,
          ),
          activeIcon: Icon(
            Icons.access_alarms,
            color: Colors.green,
          ),
        ),
        BottomNavigationBarItem(
          title: Text(
            '通讯录',
          ),
          icon: Icon(
            Icons.access_alarms,
            color: Colors.black,
          ),
          activeIcon: Icon(
            Icons.access_alarms,
            color: Colors.green,
          ),
        ),
        BottomNavigationBarItem(
          title: Text(
            '发现',
          ),
          icon: Icon(
            Icons.access_alarms,
            color: Colors.black,
          ),
          activeIcon: Icon(
            Icons.access_alarms,
            color: Colors.green,
          ),
        ),
        BottomNavigationBarItem(
          title: Text(
            '我',
          ),
          icon: Icon(
            Icons.access_alarms,
            color: Colors.black,
          ),
          activeIcon: Icon(
            Icons.access_alarms,
```

```
            color: Colors.green,
          ),
        ),
      ],
      iconSize: 24,
      currentIndex: _selectIndex,
      onTap: (index) {
        setState(() {
          _selectIndex = index;
        });
      },
      fixedColor: Colors.green,
      type: BottomNavigationBarType.shifting,
    ),
  );
  }
}
```

运行效果如图 3-18 所示。

图 3-18　类似微信底部导航的效果

3.2.5　TabBar

TabBar 是一排水平的标签，可以来回切换。TabBar 主要属性参见表 3-15。

表 3-15　TabBar 属性

属 性	说 明
tabs	一系列标签控件
controller	标签选择变化控制器
isScrollable	是否可滚动
indicatorColor	指示器颜色
indicatorWeight	指示器粗细
indicator	指示器，可自定义形状等样式
indicatorSize	指示器长短，tab 表示和 tab 一样长，label 表示和标签 label 一样长

（续）

属　　性	说　　明
labelColor	标签颜色
labelStyle	标签样式
unselectedLabelColor	未选中标签颜色
unselectedLabelStyle	未选中标签样式

各门功课名称导航代码如下：

```
import 'package:flutter/material.dart';

class TabBarDemo extends StatefulWidget {
  @override
  State<StatefulWidget> createState() => _TabBar();
}

class _TabBar extends State<TabBarDemo> {
  final List<String> _tabValues = [
    '语文',
    '英语',
    '化学',
    '物理',
    '数学',
    '生物',
    '体育',
    '经济',
  ];

  TabController _controller;

  @override
  void initState() {
    super.initState();
    _controller = TabController(
      length: _tabValues.length,
      vsync: ScrollableState(),
    );
  }

  @override
  Widget build(BuildContext context) {
```

```
    return Scaffold(
      appBar: AppBar(
        title: Text('TabBar'),
        bottom: TabBar(
          tabs: _tabValues.map((f) {
            return Text(f);
          }).toList(),
          controller: _controller,
          indicatorColor: Colors.red,
          indicatorSize: TabBarIndicatorSize.tab,
          isScrollable: true,
          labelColor: Colors.red,
          unselectedLabelColor: Colors.black,
          indicatorWeight: 5.0,
          labelStyle: TextStyle(height: 2),
        ),
      ),
      body: TabBarView(
        controller: _controller,
        children: _tabValues.map((f) {
          return Center(
            child: Text(f),
          );
        }).toList(),
      ),
    );
  }
}
```

运行效果如图 3-19 所示。

图 3-19　TabBar 效果

3.2.6　Drawer

Drawer 是抽屉样式的控件，Drawer 的子控件中一般使用 ListView，第一个元素一般使用 DrawerHeader，接下来是 ListTile。

简单的 Drawer 使用代码如下：

```
class DrawerDemo extends StatelessWidget {
  @override
  Widget build(BuildContext context) {
    return Scaffold(
      appBar: AppBar(
        title: Text('Flutter 实战入门 '),
      ),
      drawer: Drawer(
        child: ListView(
          children: <Widget>[
            DrawerHeader(
              child: Text(' 头像 '),
            ),
            ListTile(
              title: Text(" 我的 "),
            ),
            ListTile(
              title: Text(" 关于 "),
            ),
            ListTile(
              title: Text(" 主页 ")
            )
          ],
        ),
      ),
    );
  }
}
```

运行效果如图 3-20 所示。

图 3-20　Drawer 效果

3.3 Cupertino 风格组件

Cupertino 风格组件在"package:flutter/cupertino.dart"包下，使用 Cupertino 风格组件需要引入此包：

```
import 'package:flutter/cupertino.dart';
```

3.3.1 CupertinoActivityIndicator

CupertinoActivityIndicator 是 iOS 风格的"加载动画"，效果如图 3-21 所示。

图 3-21　CupertinoActivityIndicator 效果

CupertinoActivityIndicator 的使用方法如下：

```
CupertinoActivityIndicator(radius: 15,)
```

其中，radius 属性表示半径。

3.3.2 CupertinoAlertDialog

CupertinoAlertDialog 是 iOS 风格的警告框控件，常用属性参见表 3-16。

表 3-16　CupertinoAlertDialog 属性

属　性	说　明
title	标题
content	内容
actions	底部的行为控件，比如"确定"按钮等

CupertinoAlertDialog 本身不带弹出效果，实现点击按钮弹出 CupertinoAlertDialog 的效果，代码如下：

```
class CupertinoAlertDialogDemo extends StatelessWidget {
  @override
  Widget build(BuildContext context) {
    return RaisedButton(
      onPressed: () {
        showDialog(
          context: context,
          builder: (context) {
            return CupertinoAlertDialog(
              title: Text(' 删除提示 '),
              content: Text(' 确定要删除吗？ '),
              actions: <Widget>[
                FlatButton(
                  child: Text(' 确定 '),
                  onPressed: () {},
                ),
              ],
            );
          });
      },
      child: Text(' 弹出 CupertinoAlertDialog'),
    );
  }
}
```

效果如图 3-22 所示。

图 3-22　CupertinoAlertDialog 效果

3.3.3　CupertinoButton

CupertinoButton 是 iOS 风格的按钮组件，和 Material 按钮的不同之处在于 Cupertino-
Button 点击没有水波纹效果，主要属性参见表 3-17。

表 3-17 CupertinoButton 属性

属 性	说 明
child	必须设置其值，一般设置 Text 控件
padding	内边距
color	背景颜色
disabledColor	禁用状态下背景颜色
pressedOpacity	按下透明度，默认值 0.1
onPress	点击回调

创建一个"确定"按钮，背景为蓝色，代码如下：

```
CupertinoButton(
    child: Text(' 按钮 '),
    onPressed: () {},
    color: Colors.blue,
)
```

运行效果如图 3-23 所示。

图 3-23 CupertinoButton 效果

3.3.4 CupertinoSlider

CupertinoSlider 是滑动按钮，效果如图 3-24 所示。

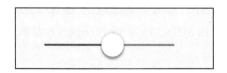

图 3-24 CupertinoSlider 效果

CupertinoSlider 主要属性参见表 3-18。

表 3-18　CupertinoSlider 属性

属　　性	说　　明
value	当前值
onChange	滑动时回调
onChangeStart	开始滑动时回调
onChangeEnd	滑动结束时回调
min	滑动开始值
max	滑动结束值
divisions	分割为若干份，如果不设置，是连续的
activeColor	已经划过的区域的颜色

设置 CupertinoSlider 的最小值 1，最大值 10，分割 5 份，划过区域颜色为红色，代码如下：

```
class CupertinoSliderDemo extends StatefulWidget {
  @override
  State<StatefulWidget> createState() => _CupertinoSliderDemo();
}


class _CupertinoSliderDemo extends State<CupertinoSliderDemo> {
  double _value = 1.0;

  @override
  Widget build(BuildContext context) {
    return Center(
      child: CupertinoSlider(
        value: _value,
        onChanged: (double v) {
          setState(() {
            print('$v');
            _value = v;
          });
        },
        min: 1.0,
        max: 10.0,
        divisions: 5,
        activeColor: Colors.red,
      ),
    );
  }
}
```

CupertinoSlider 本身不支持滑动，必须在 onChange 回调中改变 value 的值才可以，setState 方法会立刻刷新屏幕，改变其状态。

3.3.5 CupertinoSwitch

CupertinoSwitch 是一个开关控件，主要属性参见表 3-19。

表 3-19　CupertinoSwitch 属性

属　　性	说　　明
value	当前值
onChange	变化时回调
activeColor	激活区域的颜色

其基本用法如下：

```
class CupertinoSwitchDemo extends StatefulWidget {
  @override
  State<StatefulWidget> createState() => _CupertinoSwitchDemo();
}

class _CupertinoSwitchDemo extends State<CupertinoSwitchDemo> {
  bool _value = true;

  @override
  Widget build(BuildContext context) {
    return Center(
      child: CupertinoSwitch(
        value: _value,
        onChanged: (bool v) {
          setState(() {
            _value = v;
          });
        },
        activeColor: Colors.red,
      ),
    );
  }
}
```

运行效果如图 3-25 所示。

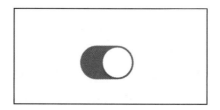

图 3-25　CupertinoSwitch 效果

3.4　容器类组件

3.4.1　填充布局（Padding）

Padding 是一个可以设置内边距的容器类控件，效果如图 3-26 所示。

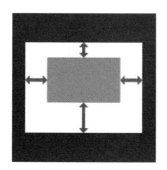

图 3-26　Padding 效果

Padding 主要属性参见表 3-20。

表 3-20　Padding 属性

属　　性	说　　明
child	子控件
padding	内边距

使用方法如下：

```
Padding(
    padding: EdgeInsets.all(8.0),
```

```
    child: Text('Padding'),
)
```

3.4.2 居中布局（Center）

Center 是一个子控件居中显示的容器类控件，效果如图 3-27 所示。

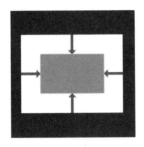

图 3-27 Center 效果

Center 使用方法如下：

```
Center(
    child: Text('Padding'),
)
```

3.4.3 对齐布局（Align）

Align 是一个将子组件对齐、并根据子组件调整自身大小的容器类控件。

Align 主要属性参见表 3-21。

表 3-21 Align 属性

属　性	说　明
alignment	对齐方式，默认居中
child	子控件
widthFactor	如果不为 null，width = 子控件的 width* widthFactor
heightFactor	如果不为 null，height = 子控件的 height* heightFactor

Align 用法如下：

```
Align(
    alignment: Alignment.bottomCenter,
    child: Text('Align'),
    widthFactor: 2.0,
    heightFactor: 2.0,
)
```

3.4.4　固定宽高比（AspectRatio）

AspectRatio 是固定宽高比控件。AspectRatio 会尽可能扩展，height 通过 widht 和设置的 aspectRatio 计算而得。看下面的例子，设置 aspectRatio，同时设置父组件 Container width 为 150，代码如下：

```
Container(
    width: 150,
    child: AspectRatio(aspectRatio: 2, child: Text('RaisedButton')
    )
)
```

运行效果如图 3-28 所示。

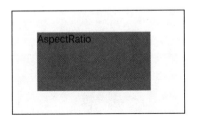

图 3-28　AspectRatio 效果

如果给 Container 的 height 也设置为 150，代码如下：

```
Container(
    width: 150,
    height: 150,
    color: Colors.red,
    child: AspectRatio(aspectRatio: 2, child: Text('AspectRatio')
    )
)
```

运行后发现，并没有按照设置的比例来显示，所以如果 AspectRatio 无法找到设置比例的尺寸，AspectRatio 将会忽略比例。

3.4.5 Transform

Transform 是一个矩阵变换控件，通过它可以对子控件进行 3D 操作，比如旋转、缩放、平移等。Transform 主要属性参见表 3-22。

表 3-22　Transform 属性

属 性	说 明
transform	4×4 矩阵
origin	矩阵操作原点默认是控件的左上角，设置此值相当于平移
alignment	对齐方式

下面的代码可将文字旋转：

```
Transform.rotate(
    angle: pi / 2,
    origin: Offset(10,10),
    child: Text('Flutter 实战入门 '),
)
```

运行效果如图 3-29 所示。

图 3-29　文字旋转效果

下面的代码可将文字旋转 90 度同时放大 2 倍：

```
Transform(
    transform: Matrix4.diagonal3Values(2, 2, 1)..rotateZ(pi / 2),
    child: Text('Flutter 实战入门 '),
)
```

运行效果如图 3-30 所示。

图 3-30　文字旋转放大效果

3.4.6　Stack

Stack 是重叠控件，子元素是叠在一起的，下面的代码可在一张圆形图片中间加入
"Flutter 实战入门"：

```
Stack(
      alignment: Alignment.center,
      children: <Widget>[
        CircleAvatar(
          child: Image.asset('assets/icons/flutter_icon.png'),
          radius: 100,
        ),
        Text('Flutter 实战入门 ',style: TextStyle(color: Colors.red),)
      ],
    )
```

运行效果如图 3-31 所示。

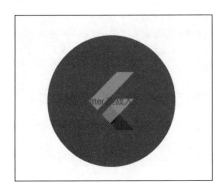

图 3-31　Stack 效果

3.4.7 流式布局（Wrap）

Wrap 为流布局，当子控件在一行空间不够时用来换行显示。Wrap 主要属性参见表 3-23。

表 3-23　Wrap 属性

属　　性	说　　明
direction	排列方向，默认水平
alignment	主轴对齐方式
spacing	主轴间距
runAlignment	次轴对齐方式
runSpacing	次轴间距
textDirection	每一行的文本排列方向
verticalDirection	垂直方向排列
children	子控件集合

各个属性的用法如下所示：

```
Wrap(
    direction: Axis.horizontal,
    spacing: 5,
    alignment: WrapAlignment.center,
    runSpacing: 10,
    textDirection:TextDirection.rtl ,
  verticalDirection: VerticalDirection.up,
    children: <Widget>[
      RaisedButton(child: Text('Flutter 实战入门 1'),),
      RaisedButton(child: Text('Flutter 实战入门 2'),),
      RaisedButton(child: Text('Flutter 实战入门 3'),),
      RaisedButton(child: Text('Flutter 实战入门 4'),),
      RaisedButton(child: Text('Flutter 实战入门 5'),),
    ],
  )
```

运行效果如图 3-32 所示。

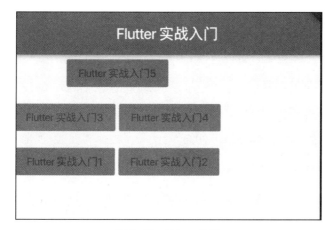

图 3-32 Wrap 效果

3.5 列表及表格组件

3.5.1 ListView

ListView 是非常重要的列表组件，适用于大量数据的加载。ListView 具有懒加载模式，因此可以节省大量内存。ListView 的重要属性参见表 3-24。

表 3-24 ListView 属性

属 性	说 明
scrollDirection	滚动方向，包括水平和垂直
reverse	是否反向，比如，当滚动方向为垂直时，此值设置为 true，则滚动方向为向上滚动
itemExtent	item 的高，如果不设置则依赖子控件
itemBuilder	构建 item
itemCount	item 的数量

ListView 的用法如下：

```
ListView.builder(
      itemExtent: 80,
      itemCount: 10000,
      itemBuilder: (context, index) {
        return Container(
          alignment: Alignment.center,
```

```
        child: Text(index.toString()),
      );
    })
```

下面代码可添加分割线：

```
ListView.separated(
      itemCount: 10000,
      separatorBuilder: (context, index){
        return Container(height: 1,color: Colors.black12,);
      },
      itemBuilder: (context, index) {
        return Container(
          height: 50,
          alignment: Alignment.center,
          child: Text(index.toString()),
        );
      })
```

运行效果如图 3-33 所示。

0
1
2
3
4
5
6
7
8
9

图 3-33　ListView 效果

3.5.2　GridView

与 ListView 一样，GridView 也是非常常用的组件，两者的属性很相近，系统提供了几种 GridView 的构建方法，下面一一分析。

1）GridView.count

用法如下：

```
class GridViewDemo extends StatelessWidget {
  List<Widget> _getItem() {
    List<Widget> list = [];
    for (int i = 0; i < 100; i++) {
      list.add(_getWidget(i));
    }
    return list;
  }

  Widget _getWidget(int index) {
    return Container(
      height: 30,
      alignment: Alignment.center,
      color: Colors.black12,
      child: Text(index.toString()),
    );
  }

  @override
  Widget build(BuildContext context) {
    return GridView.count(
      scrollDirection: Axis.vertical,
      crossAxisCount: 3,
      mainAxisSpacing: 10,
      crossAxisSpacing: 10,
      childAspectRatio: 3 / 4,
      padding: EdgeInsets.all(3),
      children: _getItem(),
    );
  }
}
```

2）GridView.builder

用法如下：

```
class GridViewDemo extends StatelessWidget {
```

```dart
  List<Widget> _getItem() {
    List<Widget> list = [];
    for (int i = 0; i < 100; i++) {
      list.add(_getWidget(i));
    }
    return list;
  }

  Widget _getWidget(int index) {
    return Container(
      height: 30,
      alignment: Alignment.center,
      color: Colors.black12,
      child: Text(index.toString()),
    );
  }

  @override
  Widget build(BuildContext context) {

    return GridView.builder(
        gridDelegate: SliverGridDelegateWithFixedCrossAxisCount(
            crossAxisCount: 3,
            mainAxisSpacing: 20,
            crossAxisSpacing: 10,
            childAspectRatio: 1),
        itemBuilder: (BuildContext context, int index) {
          return _getWidget(index);
        });
  }
}
```

3）GridView.custom

用法如下：

```dart
import 'package:flutter/material.dart';

class GridViewDemo extends StatelessWidget {
  List<Widget> _getItem() {
    List<Widget> list = [];
    for (int i = 0; i < 100; i++) {
      list.add(_getWidget(i));
    }
    return list;
  }

  Widget _getWidget(int index) {
```

```
      return Container(
        height: 30,
        alignment: Alignment.center,
        color: Colors.black12,
        child: Text(index.toString()),
      );
    }

    @override
    Widget build(BuildContext context) {

      return GridView.custom(
        gridDelegate: SliverGridDelegateWithFixedCrossAxisCount(
            crossAxisCount: 3,
            mainAxisSpacing: 20,
            crossAxisSpacing: 10,
            childAspectRatio: 3/4),
        childrenDelegate: SliverChildBuilderDelegate((context, index) {
          return _getWidget(index);
        }),
        semanticChildCount: 100,
      );
    }
}
```

运行效果如图 3-34 所示。

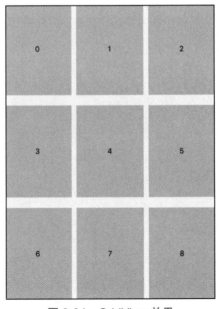

图 3-34　GridView 效果

3.5.3　Table

Table 是一个表格控件，主要属性参见表 3-25。

表 3-25　Table 属性

属　性	说　明
children	子控件集合
columnWidths	列宽，默认平分列宽，可以设置固定宽度，也可以设置比例
textDirection	排序方向
border	边框
defaultVerticalAlignment	垂直方向对齐

Table 各个属性的用法如下：

```
Table(
    border: TableBorder.all(),
    columnWidths: <int, FixedColumnWidth>{
      0: FixedColumnWidth(50),
      1: FixedColumnWidth(80),
    },
    textDirection: TextDirection.rtl,
    defaultVerticalAlignment: TableCellVerticalAlignment.middle,
    children: <TableRow>[
      TableRow(children: <Widget>[
        SizedBox(
          height: 50,
          child: Text('Flutter1'),
        ),
        Text('Flutter2'),
        Text('Flutter3'),
      ]),
      TableRow(children: <Widget>[
        Text('Flutter1'),
        Text('Flutter2'),
        Text('Flutter3'),
      ]),
      TableRow(children: <Widget>[
        Text('Flutter1'),
        Text('Flutter2'),
        Text('Flutter3'),
```

```
        ]),
      ],
    )
```

运行效果如图 3-35 所示。

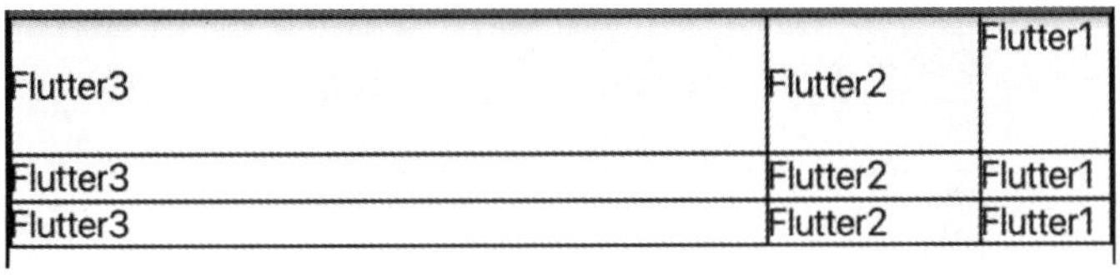

		Flutter1
Flutter3	Flutter2	
Flutter3	Flutter2	Flutter1
Flutter3	Flutter2	Flutter1

图 3-35　Table 效果

3.5.4　ExpansionTile

ExpansionTile 是一个可以打开 / 关闭的组件，类似于有一个标题，点击展开标题下的内容。ExpansionTile 主要属性参见表 3-26。

表 3-26　ExpansionTile 属性

属　　性	说　　明
leading	title 前面的组件
title	标题
backgroundColor	背景颜色
onExpansionChanged	打开 / 关闭事件
trailing	箭头控件
initiallyExpanded	展示或者折叠，默认折叠

ExpansionTile 用法如下：

```
ExpansionTile(
    leading: CircleAvatar(
      backgroundImage: AssetImage('assets/icons/flutter_icon.png'),
      radius: 20,
    ),
    title: Text(' 课程 '),
    children: <Widget>[
      Text(' 语文 '),
```

```
        Text(' 数学 '),
        Text(' 体育 '),
        Text(' 化学 '),
        Text(' 生物 '),
    ],
)
```

打开效果如图 3-36 所示。

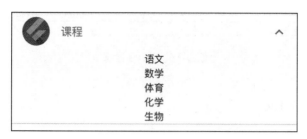

图 3-36　ExpansionTile 效果

3.6　项目实战：登录功能

本节将实现一个登录功能，通过这个实战项目加深对控件的理解。本节介绍的项目
实战包含如下内容：

- 登录界面 UI 分析
- 顶部 Logo
- 账号、密码输入框
- 提交按钮
- 底部的"服务协议"
- Loading 控件

3.6.1　登录界面 UI 分析

登录界面的整体效果如图 3-37 所示。

输入账号、密码时的效果如图 3-38 所示。

图 3-37　登录界面

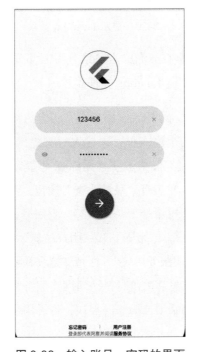

图 3-38　输入账号、密码的界面

点击提交按钮显示 Loading，效果如图 3-39 所示。

图 3-39　显示 Loading 效果

从效果图看出，UI 整体垂直分布，且可以分为四部分：Logo、账号 / 密码输入框、提交按钮、底部的"服务协议"、Loading 控件。

- Logo：是一张 Flutter Logo 图片，距顶部又一定的距离，水平居中，边框为圆形。
- 账号 / 密码输入框：两个输入框，未输入时有提示"手机号 / 邮箱"；浅灰色背景，圆角边框；输入值只能为数字且尾部有"清除"按钮，点击时清空输入框；密码框内容隐藏显示，左边有"显示明文"按钮，点击时密码显示明文。
- 提交按钮：默认情况下按钮处于禁用状态，当账号、密码都有值时为激活状态。
- 底部的"服务协议"："忘记密码"和"用户注册"中间有分割线，最下面有一行"登录即代表同意并阅读服务协议"，注意"服务协议"是粗体。
- Loading 控件：当点击登录按钮时，访问网络服务器获取登录信息，网络请求有一定的延时，所以此时需要 Loading 控件，告诉用户正在请求，请稍等。

3.6.2 顶部 Logo

顶部 Logo 的实现相对简单，Logo 代码如下：

```
Center(
        child: Container(
          decoration: BoxDecoration(
            shape: BoxShape.circle,
            border: Border.all(color: Colors.blue),
          ),
          padding: EdgeInsets.all(10),
          child: FlutterLogo(
            size: 70,
          ),
        ),
      )
```

由于 Logo 图片居中显示，所以使用 Center 控件，效果如 3-40 所示。

图 3-40 顶部 Logo

3.6.3 账号、密码输入框

设置账号输入框背景为浅灰色；设置 decoration 属性的 filled 为 true，fillColor 为填充色，注意，当 filled=false 时，fillColor 不起作用；decoration 中的 enabledBorder 和 focusedBorder 分别表示激活状态的边框和获取焦点下的边框；hintText 属性表示未输入内容时的提示；suffixIcon 表示输入框末尾的清除图标，点击时清除输入框内容，清除图标只有输入框不为空时显示；输入框文本居中显示需要设置 textAlign: TextAlign.center。具体代码如下：

```
// 账号输入框
return TextField(
    controller: _accountController,
```

```
keyboardType: TextInputType.number,
inputFormatters: [WhitelistingTextInputFormatter(RegExp('[0-9]'))],
decoration: InputDecoration(
  fillColor: Color(0x30cccccc),
  filled: true,
  enabledBorder: OutlineInputBorder(
      borderSide: BorderSide(color: Color(0x00FF0000)),
      borderRadius: BorderRadius.all(Radius.circular(100))),
  hintText: '手机号 / 邮箱',
  focusedBorder: OutlineInputBorder(
      borderSide: BorderSide(color: Color(0x00000000)),
      borderRadius: BorderRadius.all(Radius.circular(100))),
  suffixIcon: _accountValue.isEmpty
      ? null
      : IconButton(
          icon: Icon(Icons.clear),
          color: Color(0xFFcccccc),
          iconSize: 16,
          onPressed: () {
            setState(() {
              _accountValue = '';
              checkSubmitEnable();
            });
          },
        ),
),
textAlign: TextAlign.center,
onChanged: (value) {
  setState(() {
    _accountValue = value;
    checkSubmitEnable();
  });
},
);
```

_accountController 定义如下：

```
_accountController = TextEditingController.fromValue(TextEditingValue(
    text: _accountValue,
    selection: TextSelection.fromPosition(
        TextPosition(offset: _accountValue.length))));
```

_accountValue 设置如下：

```
// 账号
String _accountValue = "";
TextEditingController _accountController;
```

checkSubmitEnable 定义如下：

```
///
/// 检查提交按钮是否可以提交，账号和密码不为空可用
///
void checkSubmitEnable() {
  setState(() {
    submitEnable = _accountValue.isNotEmpty && _pwdValue.isNotEmpty;
  });
}
```

这里要注意，setState 方法，setState 中对一个属性设置了新的值，如果 UI 中用到了这个属性，界面会显示新的值。

密码框和账号框基本相同，不同的之处是密码不显示明文，设置 obscureText: true 即可，同时前面有个小眼睛图标，点击时切换密码变为明文，再点击时切换为密文，前面图标属性是 prefixIcon，密码输入框密码如下：

```
return TextField(
    controller: _pwdController,
    decoration: InputDecoration(
      fillColor: Color(0x30cccccc),
      filled: true,
      enabledBorder: OutlineInputBorder(
          borderSide: BorderSide(color: Color(0x00FF0000)),
          borderRadius: BorderRadius.all(Radius.circular(100))),
      hintText: '输入密码',
      focusedBorder: OutlineInputBorder(
          borderSide: BorderSide(color: Color(0x00000000)),
          borderRadius: BorderRadius.all(Radius.circular(100))),
      suffixIcon: _pwdValue.isEmpty
          ? null
          : IconButton(
              icon: Icon(Icons.clear),
              color: Color(0xFFcccccc),
              iconSize: 16,
              onPressed: () {
                setState(() {
                  _pwdValue = '';
```

```
                checkSubmitEnable();
            });
          },
        ),
      prefixIcon: _pwdValue.isEmpty
          ? null
          : IconButton(
              icon: _obscurePwd
                  ? Icon(Icons.visibility)
                  : Icon(Icons.visibility_off),
              color: Color(0xFFcccccc),
              iconSize: 16,
              onPressed: () {
                setState(() {
                  _obscurePwd = !_obscurePwd;
                });
              },
            ),
    ),
  textAlign: TextAlign.center,
  obscureText: _obscurePwd,
  onChanged: (value) {
    setState(() {
      _pwdValue = value;
      checkSubmitEnable();
    });
  },
);
```

账号密码输入框未输入内容时的效果如图 3-41 所示。

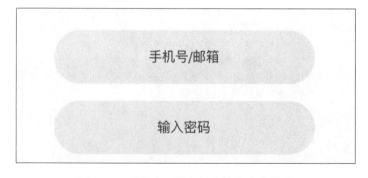

图 3-41 账号密码输入框未输入内容效果

3.6.4 提交按钮

"提交按钮"为圆形按钮，中间有一个向右箭头的图标，分为两种状态：禁用状态、激活状态，只有当输入框和密码框都不空时才是激活状态，激活状态下按钮为蓝色，代码如下：

```
return Center(
    child: RaisedButton(
        shape: CircleBorder(side: BorderSide(color: Color(0x00ffffff))),
        color: Colors.blue,
        disabledColor: Color(0x30cccccc),
        child: Padding(
          padding: EdgeInsets.all(20),
          child: Icon(
            Icons.arrow_forward,
            color: Colors.white,
            size: 30,
          ),
        ),
        onPressed: submitEnable
          ? () {
              submit(context);
            }
          : null,
    ),
);
```

3.6.5 底部的"服务协议"

"忘记密码"、"用户注册"、"登录即代表同意并阅读服务协议"都是文本控件，居中显示，有一个浅色的分割线，"服务协议"要加粗显示，代码如下：

```
///
/// 创建忘记密码和用户注册
///
Widget _createPwdAndRegister() {
  return Row(
    children: <Widget>[
      Expanded(
        flex: 1,
        child: Container(),
      ),
```

```
        Container(
          child: Column(
            children: <Widget>[
              Container(
                child: Row(
                  children: <Widget>[
                    Text(
                      '忘记密码',
                      style:
                        TextStyle(fontSize: 11, fontWeight: FontWeight.bold),
                    ),
                    Container(
                      height: 10,
                      width: 65,
                      child: VerticalDivider(
                        color: Colors.black45,
                      ),
                    ),
                    Text(
                      '用户注册',
                      style:
                        TextStyle(fontSize: 11, fontWeight: FontWeight.bold),
                    ),
                  ],
                ),
              ),
              Container(
                child: _createUserAgreement(),
              ),
            ],
          ),
        ),
        Expanded(
          flex: 1,
          child: Container(),
        ),
      ],
    );
}

///
/// 创建用户协议
Widget _createUserAgreement() {
  return Text.rich(
    TextSpan(
```

```
      text: '登录即代表同意并阅读',
      style: TextStyle(fontSize: 11, color: Color(0xFF999999)),
      children: [
        TextSpan(
            text: '服务协议',
            style: TextStyle(
                color: Colors.black, fontWeight: FontWeight.bold)),
      ]),
  );
}
```

效果如图 3-42 所示：

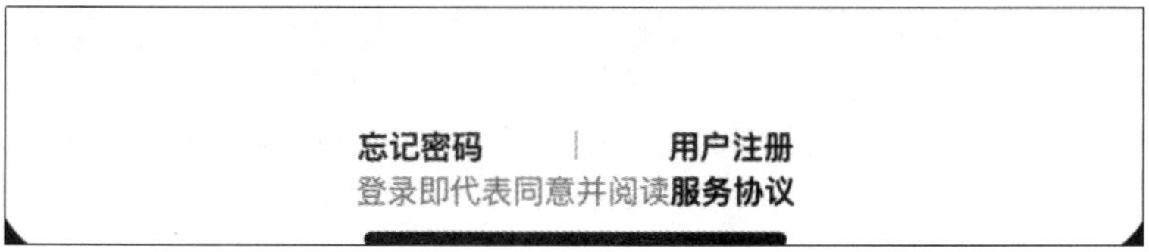

图 3-42　服务协议效果

3.6.6　Loading 控件

Loading 控件在点击提交按钮时弹出，这段时间应该请求服务器时间，在做耗时操作的时候经常需要用到，点击"提交按钮"执行如下代码：

```
///
/// 提交
///
void submit(BuildContext context) async {
  showLoading(context);
  login(_accountValue, _pwdValue).then((value) {
    if (value) {
      Scaffold.of(context).showSnackBar(SnackBar(
        content: Text('登录成功'),
      ));
    } else {
      Scaffold.of(context).showSnackBar(SnackBar(
        content: Text('账号密码错误'),
      ));
    }
    hideLoading();
  });
}
```

async 代表这是一个异步方法，本书第 4 章介绍 "Dart 语言基础" 有具体介绍，showLoading 方法定义如下：

```
///
/// 展示 loading
///
void showLoading(BuildContext context) {
  showDialog<Null>(
      context: context,
      barrierDismissible: true,
      builder: (context) {
        return _createLoading();
      });
}
```

showDialog 方法将会弹出 dialog，这是系统方法，_createLoading 方法返回 loading 控件，定义如下：

```
///
/// 创建 loading
///
Widget _createLoading() {
  return Center(
    child: Container(
      height: 100,
      width: 100,
      decoration: BoxDecoration(
          color: Color(0xcc333333),
          borderRadius: BorderRadius.all(
            Radius.circular(20),
          )),
      child: CupertinoActivityIndicator(),
    ),
  );
}
```

下面看下 login 方法，代码如下：

```
///
/// 模拟登录，这里应该是访问后台接口
///
Future<bool> login(String account, String pwd) async {
  return Future.delayed(Duration(seconds: 2), () {
```

```
        return account == '123456' && pwd == '123456';
    });
  }
```

使用 Future 模拟到服务器接口获取登录信息，2 秒后返回结果，账号和密码都是"123456"的时候返回 true，否则返回 false。

Loading 效果如图 3-43 所示。

图 3-43　Loading 效果

3.7　本章小结

Flutter 中所有的 UI 控件皆是 Widget。Flutter 的控件非常丰富，想一次性地了解所有控件是不现实的，对开发者来说也是不需要的，读者更应该掌握"学习 Flutter"的方法，通过源码学习控件的用法，Flutter SDK 是开源的，这给我们提供了很好的学习资料。

只有 UI 而没有业务逻辑是一个不完整的项目，因此下一章我们将会学习与 Dart 相关的基础知识。

第 4 章

Dart 语言基础

Dart 是 Google 开源的一门编程语言，Flutter 采用 Dart 语言开发，本章将介绍 Dart 基础语法，为接下来的 Flutter 项目开发做准备。

通过本章，你将学习如下内容：

- Dart 简介
- 内置数据类型
- 定义变量、常量
- 定义函数
- 运算符及条件表达式
- 分支与循环语句
- 定义类
- 导入包
- 异常捕获
- 异步编程
- 泛型
- 注释

4.1 Dart 简介

Dart 语言汲取了现代编程语言大部分优点和高级特性，而且有自己的 Dart VM，通常情况下运行在自己的 VM 上，在特定情况下它会编译成 Native Code 运行在硬件上。Flutter 就可以编译成 Native Code 以提高性能。那么 Flutter 为什么会选择 Dart 作为唯一开发语言呢？总结来说，Dart 有如下优势：

- 高效。这里的高效包括开发高效和运行高效，Dart 即是 AOT（Ahead of Time）也是 JIT（Just in Time），通常来说，一门语言要么是 AOT，编译慢、开发效率低；要么是 JIT，可以热重载，开发效率高，但执行效率低。而 Dart 在开发时使用 JIT 编译，发布时使用 AOT 编译，执行效率高。
- 响应式编程。Dart 可以便捷地进行响应式编程，由于实现了快速分配对象和垃圾收集器，对于管理短期对象（比如 UI 控件）更加高效。
- 易学。Dart 是面向对象的编程语言，吸收了高级语言的特性，所以如果你对 Java、JavaScript 或者 C++ 语言比较熟悉，那么你可以在几天内学会使用 Dart 进行开发。

基于以上的优点，我们可以在不同的平台上开发出炫目的、高品质的应用。

4.2　内置数据类型

Dart 常用的数据类型参见表 4-1。

表 4-1　Dart 常用的数据类型

数据类型	说　明
int	整形，范围 –2^53 至 2^53
double	64 位双精度浮点数
String	字符串类型
bool	布尔类型
List	列表
Map	键值映射，相当于 Java 中 HashMap

在 Dart 中，一切都是对象，整数和 null 都是对象，所有对象都继承 Object，任何没有初始化的变量默认值都是 null，数值类型的变量默认也是 null。

内置数据类型的常用操作包括：字符转换、拼接字符串、创建各种项目等。下面分别介绍。

int 转 String 示例如下：

```
int b = 0;
String s = b.toString();
```

double 转 String 示例如下：

```
double dou = 3.1416;
String str = dou.toStringAsFixed(2);//double 转 String，保留 2 位小数
```

String 转 double 示例如下：

```
var sd = double.parse("3.14");
```

拼接字符串，可以使用"+"号，也可以使用"${}"，示例如下：

```
String s1 = "hello";
String s2 = "Flutter";
var s3 = s1 + s2;
var s4 = "hello ${s2}";
```

创建、添加 List，该操作与 Java 很相似，示例如下：

```
//List
List<int> list = [1,2,3,4];
list.add(4);
print(list[0]); // 获取 list 下标为 0 的数据
print(list.length);
```

创建、添加 Map，下面是 Map 的定义、赋值、获取代码：

```
//map
// 创建
Map<String, Object> map = {"name": "davi", "age": 18, "sex": " 男 "};
map["age"] = 19; // 赋值
String name = map["name"]; // 获取
```

4.3 定义变量、常量

显式定义变量方法如下：

```
// 显式定义变量
int a; // 默认值 null
int b = 0;
String s = "";
```

通过 var 关键字定义变量，不指定类型，由系统自动推断，赋值后类型确定，不能再次改变：

```
// 隐式定义
var c = 0;
c = 2;
c = ";"; // 错误，c 已经定义为 int 类型
var d = "";
```

建议在编写代码时显式定义变量，提高代码的可读性。

定义常量有两种方式，一种是使用 final 关键字，另一种是使用 const 关键字。代码如下：

```
// 定义常量
final int e = 9;
const PI = 3.14;
```

final 和 const 都可以定义常量，但还是有一些区别的：final 定义的是运行时常量，也就是说其值可以是一个变量；而 const 定义的是编译时常量，即必须是一个字面常量。代码如下：

```
final final_now = DateTime.now(); // 正确
const const_now = DateTime.now(); // 错误
```

4.4　定义函数

Dart 中定义函数基本和 Java 相同，但多了一些高级特性，下面我们介绍普通函数、可选参数、匿名函数、箭头函数。

4.4.1　普通函数

下面定义一个普通的加法函数：

```
int add(int a, int b) {
```

```
  return a + b;
}
```

函数包含返回类型、函数名称、参数类型、参数名称，格式如下：

```
[返回类型] 函数名称 (参数类型 参数 1, 参数类型 参数 2,...){}
```

在 Dart 中返回类型是可以省略的，如下所示：

```
add1(int a, int b) {
  return a + b;
}
```

虽然语法上可以省略，但强烈建议不要省略，以提高代码的可读性。

4.4.2 可选参数

Dart 函数支持可选参数，使用 "{}" 代表可选参数，可选参数建议设置默认值，用法如下：

```
int add2(int a, int b, {int c = 0}) {
  return a + b + c;
}
```

调用方法如下：

```
add2(1, 2);
add2(1, 2,c: 3);
add2(a = 1, b = 2, c: 3);
```

上面 3 种调用方式都可以使用，当方法参数较多时，建议使用最后一种，以提高代码的可读性。

4.4.3 匿名函数

正常情况下我们创建的函数都是有函数名的，我们也可以创建没有名字的函数，这种函数称为匿名函数，也叫 lambda 表达式或者闭包。匿名函数用法如下：

```
var func = (int a, int b) {
  return a + b;
};
```

我们定义一个匿名函数，把这个函数赋值给 func 变量，调用方法和正常函数一样，如下所示：

```
func(1, 2);
```

4.4.4　箭头函数

箭头函数是指，当普通函数只有一个语句时，我们可以省略"{}"，使用"=>"进行缩写，如下所示：

```
int add3(int a, int b) => a+b;
```

也可以将匿名函数和箭头函数组合起来，用法如下：

```
var fun1 = (int a, int b) => a + b;
```

4.5　运算符及条件表达式

Dart 内置了一些基本运算符，比如加（+）、减（–）、乘（*）、除（/）、取余（%），这些基本运算符比较好理解。下面我们将重点介绍判定和转换类型的操作符、三目表达式"?:"、非空条件判断符"??"、级联运算符".."以及非空判断符"?."。

4.5.1　判定和转换类型的操作符

判定和转换类型的操作符参见表 4-2。

表 4-2　判定和转换类型的操作符

操作符	说　明
as	用于类型转换
is	某个变量是否是指定的类型，若是则返回 true
is!	与 is 相反

这类操作符的用法如下：

```
int a1 = 0;
if(a1 is int){ // 如果 a1 是 int 类型
  String str = (a1 as int).toString(); // 将 a1 转换为 int 类型
}
```

as 类似于 Java 中的 instanceof，在使用 as 的时候，建议在其前面加上 is 判断，否则一旦无法转换将会抛出异常。

4.5.2　三目表达式

"condition ? expr1 : expr2" 表示如果 condition 如果为 true 则执行 expr1，否则执行 expr2，用法如下：

```
bool flag = true;
var f = flag ? 0 : 1;
```

4.5.3　非空条件判断符

"expr1 ?? expr2" 表示如果 expr1 不为 null 则返回 expr1，否则返回 expr2，用法如下：

```
var ss = "Flutter";
var ss1 = "实战入门";
var ss2 = ss ?? ss1; // 返回 Flutter
```

4.5.4　级联运算符

正常情况下，我们通过"."操作符访问对象的方法。如果想链式调用，在 Java 中我们需要在方法中返回自身，而在 Dart 中不需要，通过".."操作符可以达到同样效果，用法如下：

```
Person()..setName()..setAge();
```

4.5.5　非空判断符

"?."操作符可以有效地避免空指针的异常。当我们调用一个对象的方法时，需要先判断此对象是否为 null，如果不为 null 才能调用对象的方法，可这样的写法太臃肿了，而"?."操作符就是为解决此问题应运而生的，用法如下：

```
print(ss?.toLowerCase());
```

如果 ss 为 null，则返回 null；如果不为 null，则打印 ss 的值。

4.6　分支与循环语句

Dart 中常用的分支语句包括：if··else、switch、for、while、List 遍历、Map 遍历。

4.6.1　if··else

if··else 是条件判断语句，若 if 后的表达式为 true，则执行 if 下的代码块，用法如下：

```
if (a < 0) {
  // do something
} else if (a == 0) {
  // do something
} else {
  // do something
}
```

上面的代码表示 a 符合哪个条件就会执行哪个条件下面的代码。

4.6.2　switch

switch 一般格式如下：

```
switch(参数) {
    case 常量表达式1: break;
    case 常量表达式2: break;
    ...
    default: break;
}
```

如果没有 case 语句匹配，则 default 语句会被执行；如果有某个 case 语句匹配，则 case 后面的语句块会被执行，并且如果后面没有 break 关键字，会继续执行后面的 case 语句代码和 default，直到遇见 break 或者右花括号，用法如下：

```
switch (a) {
    case 0:
      // do something
      break;
    case 1:
      // do something
      break;
    case 2:
      // do something
      break;
    default:
    // do something
  }
```

上面的代码表示 a 符合哪个值将会执行符合条件的代码，break 表示跳出当前循环，不再执行下面的代码。

4.6.3 基本循环 for 和 while

for 循环一般形式为：

```
for (单次表达式 ; 条件表达式 ; 末尾循环体) {
    // 循环体;
}
```

for 循环小括号里第一个 "；" 号前为一个不参与循环的单次表达式，其可作为某一变量的初始化赋值语句，用来给循环控制变量赋初值。条件表达式如果为 true，则执行循环体；若为 false，则退出循环体，用法代码如下：

```
for (int i = 0; i < 10; i++) {
    // do something
}
```

上面的代码表示执行 10 次循环。

while 循环一般形式：

```
while (条件表达式 ) {
  // 循环体
}
```

若 while 的条件表达式为 true，则执行循环体；若为 false，则退出循环体，用法如下：

```
int a = 0;
while (a > 10) {
    a++;
    }
```

上面代码表示循环 10 次。

do…while(表达式) 与 while 的不同之处在于，do…while 先执行循环体，然后再判断表达式，表达式为 true，则执行循环体，为 false 则退出循环体，用法如下：

```
int a = 0;
do {
   a++;
} while (a > 10);
```

上面表达式表示循环 10 次。

4.6.4　List 遍历

可以使用 for 和 List.forEach 遍历 List 集合，代码如下：

```
for (var item in list) {
    // do something
    }
    list.forEach((item) {
    // do something
});
```

List 遍历可以使用上面两种方式：第一种是 for..in 方式，第二种是 List 的系统函数，当然我们也可以使用基本循环遍历。

4.6.5　Map 遍历

Map 是键值对（key-value）形式的集合，可以使用 for 和 Map.forEach 遍历 Map，用法如下：

```
map.forEach((key, value) {
```

```
    print("key:$key,value:$value");
  });
  for (var key in map.keys) {
    print("key:$key,value:${map[key]}");
}
```

4.7 定义类

在 Dart 中使用关键字 class 定义类，这与 Java 类似。下面介绍类的相关知识。

4.7.1 构造函数

在 Dart 中定义一个 class 和在 Java 中基本一样，如下所示：

```
class Person {
  String name;
  String sex;

  Person(String name, String sex) {
    this.name = name;
    this.sex = sex;
  }
}
```

Dart 中有一种简单的写法，如下所示：

```
class Person {
  String name;
  String sex;
  Person(this.name, this.sex);
}
```

当不需要在构造函数中做特殊处理的时候，建议使用这种简单的方式，如果没有定义构造函数，则会有一个默认的无参构造函数。另外，也可以通过如下方式构造函数：

```
class Person {
  String name;
  String sex;
  Person(this.name, this.sex);
  Person.loadData(this.name, this.sex) {}
}
```

Person.loadData 提供了一种新的构造方式，可以极大地提高代码可读性，如果我们想调用上面已经定义好的构造函数，可采用如下方法：

```
class Person {
  String name;
  String sex;

  Person(this.name, this.sex);

  Person.loadData(this.name, this.sex) {}

  Person.load(String name) : this(name, "");
}
```

通过 “ :” 和 this 重定向 Person 构造函数，如果将成查看 Flutter 源码的话会发现如下写法：

```
Person(this.name, this.sex)
    : assert(name != null),
      assert(sex != null),
      age = "name:$name" {
    // 这里是构造函数，也可以省略
  }
```

Assert 是检查语句，这种形式是类的初始化列表形式。

4.7.2　类的运算符重载

类的运算符重载有什么作用呢？如果我们想让两个对象相加，进而得出相关属性的相加，默认情况下是没有对象相加这个功能的，这时就可以用重载 “ +” 运算符完成上述功能，代码如下：

```
class Person {
  String name;
  String sex;
  String age;

  Person(this.name, this.sex)
    : assert(name != null),
      assert(sex != null),
      age = "name:$name" {
```

```
    // 这里是构造函数，也可以省略
  }

  operator +(Person person) {
    return Person(person.name, this.age + person.age);
  }
}
```

想要完成类的运算符重载只需要使用 operator 关键字，调用如下：

```
var p1 = Person("王三", "男");
  var p2 = Person("王三1", "男1");
var p3 = p1 + p2;
```

Dart 中允许重载的运算符参见表 4-3。

表 4-3　Dart 中允许重载的运算符

重载运算符	说　明
+、-、*、/	加、减、乘、除
%	求余
~/	取整
^	位异或
>、<、<=、>=	大于、小于、小于等于、大于等于
[]	列表访问
&、|	位与、位或
~	一元位补码
>>、<<	右移、左移

4.7.3　extends、with、implements、abstract 的用法

1. extends

类的继承使用关键字 extends，只能继承一个类，用法如下：

```
class Person1{}
class Person2 extends Person1{}
```

子类重写父类的方法要使用 @override 关键字，调用父类的方法要使用 super，子类可以访问父类所有的变量和方法，因为 Dart 中是没有 public、private 修饰符的。

2. with

Dart 中使用关键字 with 来"继承"多个类，用法如下：

```
class Person1 {
  String getSex() {
    return "";
  }
}
class Person2 {}

class Person22{}

class Person4 extends Person1 with Person2,Person22 {}
class Person5 with Person1, Person2 {}
```

3. implements

Dart 中没有 interface 关键字定义接口，但是，Dart 中每一个类都是一个隐式的接口，这个接口里包含类的所有方法和变量，因此，当我们实现一个类时，需要在子类里面实现其方法和变量，用法如下：

```
class Person1 {
  String getSex() {
    return "";
  }
}

class Person8 implements Person1 {
  @override
  String getSex() {
    return null;
  }
}
```

4. abstract

abstract 关键字是定义抽象类的，子类继承抽象类时要实现其抽象方法，用法如下：

```
abstract class Person6 {
  String getName();
  String getSex() {
    return "";
  }
}
class Person7 extends Person6{
  @override
  String getName() {
    return null;
  }
}
```

4.7.4　定义私有变量

Dart 中是没有 public、private 这些修饰符使用的，那我们该如何定义私有变量呢？很简单，只要在属性名称前面加上"_"即可，不过使用这种方式定义的私有变量的作用域是当前 Dart 文件，也就是只要在当前 Dart 文件中就可以访问，即使不是同一个类，而其他 Dart 文件无法访问。用法如下：

```
class Person1 {
  String name;
  int _age; // 私有变量

  Person1(this.name, this._age);
}
```

4.8　导入包

在 Dart 中使用"import"关键字导入包，导入包分 3 种形式。

■ 导入 Dart 标准库，使用"Dart:"前缀，用法如下：

```
import 'dart:math';
```

■ 导入包管理系统中的库，比如 Flutter 的组件引用的第三方库等，用法如下：

```
import 'package:flutter/material.dart';
```

■ 导入项目中其他 dart 文件，使用相对或者绝对路径，用法如下：

```
import 'widgets/text_demo.dart';
```

如果不同的包中有相同的类名，导致使用的时候无法区分，可以利用 "as" 关键字进行区分，用法如下：

```
import 'widgets/text_demo.dart';
import 'widgets/text_demo1.dart' as text;
```

调用如下：

```
// 使用 text_demo 中的 TextDemo
var text = TextDemo()
// 使用 text_demo1 中的 TextDemo
var text = text.TextDemo()
```

4.9　异常捕获

Dart 中使用关键字 "try...on" 和 "try...catch" 来捕获异常。两者的区别是：on 捕获指定异常，但不能处理；catch 无法捕获指定的异常，但可以处理异常。用法如下：

```
try {
    //do something
  } catch (e, s) {
    // 不指定异常类型，捕获所有异常
    print("exception:$e, stack:$s");
}
```

上面的代码捕获所有的异常。catch 中参数 e 表示异常信息；s 代表堆栈信息。on 的用法如下：

```
try{
    //do something
  }on Exception{
    // 指定异常类型，但不处理异常
}
```

on 捕获了 Exception 的异常，但无法处理这个异常，连打印都不行。

通常我们将 on 和 catch 一起使用，用法如下：

```
try{
```

```
    //do something
}on Exception catch (e){
    // 指定异常类型并且处理异常
    print("exception:$e");
}
```

上面代码捕获指定 Exception 异常并打印这个异常。下面是捕获多个指定异常的用法：

```
try{
    //do something
}on FormatException catch (e){
    // 指定异常类型并且处理异常
    print("exception:$e");
}on Exception catch (e){
    // 指定异常类型并且处理异常
    print("exception:$e");
}catch(e){
    // 捕获其他异常
    print("exception:$e");
}
```

对于无论是否有异常都需要执行的代码，可以使用 finally，用法如下：

```
try {
    //do something
} catch (e) {
    print("exception:$e");
} finally {
    //do something
}
```

4.10 异步编程

我们在开发的过程中经常会遇到耗时的任务，比如网络请求等。对于这些耗时任务，需要使用异步处理，否则会导致卡顿。Dart 中的异步编程可以使用 Future 和 async 来实现。

1. 使用 Future 实现异步

可以使用 Future 实现异步编程，Future 是 Dart 内置的。用法如下：

```
var future = Future(() {
    print('这是一个耗时任务');
});
```

创建一个延迟异步任务，代码如下：

```
// 延迟 1 秒执行
    var future1 = Future.delayed(Duration(seconds: 1), () {
        print('这是一个耗时任务');
});
```

两个异步任务都执行完毕后执行回调，用法如下：

```
Future.wait([future, future1]).then((values){
    //future 和 future1 都执行完毕后
});
```

then 是 Future 执行结束后的回调，then 可以有多个，还可以使用 catchError 捕获异
常，用法如下：

```
Future(() {}).then((value) {
    print('$value');
    }).then((value) {
    print('$value');
    }).catchError((error) {
    print('$error');
});
```

2. 使用 async 实现异步

async 和 await 是 Dart1.9 版本加入的关键字，可以帮助我们编写更简洁的异步代
码，用法如下：

```
void doWork() async {
    print('这是一个耗时任务');
  }
```

只需在函数后面加上"async"关键字。async 和 await 基本同时出现，await 必须在
async 的方法中，用法如下：

```
doWork() async {
    return await "";
  }
```

被 async 修饰的方法会返回一个 Future 作为返回值,执行到 await 时会暂停执行该方法下面的代码,直到 Future 任务执行完成。

4.11 泛型

Dart 是支持泛型的,这点和 Java 一样。泛型通常是为了类型安全而必需的,适当地指定泛型类型会生成更好的代码。比如,想要 List 只包含字符串,可以声明为 List<String>,List<String> 无法添加非 String 类型的数据,用法如下:

```
List<String> list1 = List();
list1.add('Box');
list1.add(1); // 错误,需要字符串类型
```

泛型可以约束一个方法使用同类型的参数、返回同类型的值,也可以约束里面的变量类型。泛型方法定义如下:

```
T getData<T> (T val) {
  return val;
}

getData<String>('123');
getData<int>(123);
```

泛型也可以约束类。创建一个带有泛型约束的类,代码如下:

```
class Test<T> {
  T getKey(String key);
}
```

上面的代码中,T 是替代类型,它是一个占位符,将由开发人员定义其类型。

如果希望限制参数的类型,可以在实现泛型类型时使用 extend,代码如下:

```
class Foo<T extends BaseClass> {
  ...
}
```

上面的代码指定 Foo 只能将 BaseClass 或者其子类作为参数。

4.12　注释

Dart 支持多种注释形式，单行注释用法如下：

```
// 单行注释
```

多行注释用法如下：

```
/*
 多行注释
 多行注释
 多行注释
 */
```

文档注释用法如下：

```
/**
 * 文档注释
 */
```

Dart 特有的注释，以三斜杠开头：

```
/// 三斜杠开头
/// 这是 Dart 特有的文档注释
```

dartdoc 会根据文档注释生成 html 文件，使用方括号可以链接到相关的类或者方法。另外，虽然 Dart 支持 /** */ 的注释，但不推荐使用，推荐使用 /// 文档注释。

4.13　本章小结

本章我们学习了 Flutter 开发中经常用到的 Dart 基础知识，但这仅仅是 Dart 征程的起点，也是学习 Flutter 的基石。通过本章的学习，我们发现，Dart 和其他高级语言基本上大同小异，所以你只要有一种高级语言的基础，学习 Dart 将是非常简单的。

第 5 章

事件、手势处理

Flutter 的手势系统有两层：第一层为原始指针（pointer）事件，包括指针的位置和移动；第二层为手势，手势是由一个或者多个指针事件组成的语义动作，例如点击、拖动、缩放等。手势是系统封装了指针事件的结果，方便开发者进行开发。

通过本章，你将学习如下内容：

- GestureDetector
- GestureRecognizer
- 原始指针
- 实战："左滑删除"效果

5.1　GestureDetector

GestureDetector 是手势识别组件。一个完整的手势包含多个事件，例如，点击事件包含指针（对于电脑端指的是鼠标，对于手机指的是手指）按下、抬起事件。GestureDetector 包含各种手势，比如点击、双击、长按、拖动、缩放等，下面一一介绍。

1. 点击

点击手势包含按下、抬起、点击、点击取消事件。

- onTapDown：按下时回调。

- onTapUp：抬起时回调。
- onTap：点击事件回调。
- onTapCancel：点击取消事件回调。

点击事件用法如下：

```
GestureDetector(
    onTapDown: (TapDownDetails tapDownDetails) {
      print('onTapDown');
    },
    onTapUp: (TapUpDetails tapUpDetails) {
      print('onTapUp');
    },
    onTap: () {
      print('onTap');
    },
    onTapCancel: () {
      print('onTapCancel');
    },
    child: Center(
      child: Container(
        width: 200,
        height: 200,
        color: Colors.red,
      ),
    ),
);
```

点击调用顺序为：onTapDown → onTapUp → onTap。如果按下后移动指针，此时的调用顺序为：onTapDown → onTapCancel。这种情况下不再调用 onTapUp 和 onTap。

2. 双击

双击是快速且连续两次在同一个位置点击，使用 onDoubleTap 方法进行双击监听，用法如下：

```
GestureDetector(
    onDoubleTap: ()=>print('onDoubleTap'),
    child: Center(
      child: Container(
        width: 200,
        height: 200,
```

```
      color: Colors.red,
    ),
  ),
);
```

同时监听 onTap 和 onDoubleTap 事件，只会触发一个事件，如果监听 onDoubleTap 事件，那么 onTap 将会延迟触发（延迟时间为系统判断是 onDoubleTap 事件的间隔），因为系统将会等待一段时间再来判断是否为 onDoubleTap 事件。如果用户只监听了 onTap 事件，则没有延迟。

3. 长按事件

长按事件（LongPress）包含长按开始、移动、抬起、结束事件。

- onLongPressStart：长按开始事件回调。
- onLongPressMoveUpdate：长按移动事件回调。
- onLongPressUp：长按抬起事件回调。
- onLongPressEnd：长按结束事件回调。
- onLongPress：长按事件回调。

长按事件用法如下：

```
GestureDetector(
    onLongPressStart: (v) => print('onLongPressStart'),
    onLongPressMoveUpdate: (v) => print('onLongPressMoveUpdate'),
    onLongPressUp: () => print('onLongPressUp'),
    onLongPressEnd: (v) => print('onLongPressEnd'),
    onLongPress: () => print('onLongPress'),
    child: Center(
      child: Container(
        width: 200,
        height: 200,
        color: Colors.red,
      ),
    ),
);
```

用户按下→移动→抬起的过程调用顺序为：onLongPressStart → onLongPress → onLongPressMoveUpdate →…→ onLongPressMoveUpdate → onLongPressEnd → onLongPressUp。

4. 垂直 / 水平拖动事件

垂直 / 水平拖动事件包括按下、开始、移动更新、结束、取消事件。

- onVerticalDragDown：垂直拖动按下事件回调。

- onVerticalDragStart：垂直拖动开始事件回调。

- onVerticalDragUpdate：指针移动更新事件回调。

- onVerticalDragEnd：垂直拖动结束事件回调。

- onVerticalDragCancel：垂直拖动取消事件回调。

垂直拖动事件用法如下：

```
GestureDetector(
    onVerticalDragStart: (v) => print('onVerticalDragStart'),
    onVerticalDragDown: (v) => print('onVerticalDragDown'),
    onVerticalDragUpdate: (v) => print('onVerticalDragUpdate'),
    onVerticalDragCancel: () => print('onVerticalDragCancel'),
    onVerticalDragEnd: (v) => print('onVerticalDragEnd'),
    child: Center(
      child: Container(
        width: 200,
        height: 200,
        color: Colors.red,
      ),
    ),
  )
```

用户垂直方向拖动事件调用顺序为：onVerticalDragDown → onVerticalDragStart → onVerticalDragUpdate →…→ onVerticalDragUpdate → onVerticalDragEnd。

水平拖动与垂直拖动相似，区别仅是一个垂直，一个水平。

5. 缩放

缩放（Scale）包含缩放开始、更新、结束事件。

- onScaleStart：缩放开始事件回调。

- onScaleUpdate：缩放更新事件回调。

- onScaleEnd：缩放结束事件回调。

缩放事件用法如下：

```
GestureDetector(
    onScaleStart: (v) => print('onScaleStart'),
    onScaleUpdate: (ScaleUpdateDetails v) => print('onScaleUpdate:$v'),
    onScaleEnd: (v) => print('onScaleEnd'),
    child: Center(
      child: Container(
        width: 200,
        height: 200,
        color: Colors.red,
      ),
    ),
  )
```

缩放需要两个指针，对于手机就是用两根手指进行缩放操作，调用顺序为：
onScaleStart → onScaleUpdate →···→ onScaleUpdate → onScaleEnd。

5.2 GestureRecognizer

GestureRecognizer 本身不是一个 Widget，所以 GestureRecognizer 的使用和上面介绍的控件有些不同。下面我们使用 GestureRecognizer 来实现按下时字体变为红色，抬起时恢复黑色。代码如下：

```
import 'package:flutter/gestures.dart';
import 'package:flutter/material.dart';
import 'package:flutter/services.dart';

///
/// des:
///
class GestureRecognizerDemo extends StatefulWidget {
  @override
  State<StatefulWidget> createState() => _GestureRecognizerDemo();
}

class _GestureRecognizerDemo extends State<GestureRecognizerDemo> {
  var _tapGestureRecognizer = TapGestureRecognizer();
  var _textColor = Colors.black;

  @override
  void initState() {
```

```
        super.initState();
        _tapGestureRecognizer..onTapDown = (v) {
          setState(() {
            _textColor = Colors.red;
          });
        };
        _tapGestureRecognizer..onTapUp = (v) {
          setState(() {
            _textColor = Colors.black;
          });
        };
      }


      @override
      Widget build(BuildContext context) {
        return Center(
          child: Text.rich(
            TextSpan(children: <InlineSpan>[
              TextSpan(
                  text: '你好，Flutter 实战入门',
                  style: TextStyle(color: _textColor),
                  recognizer: _tapGestureRecognizer),
            ]),
          ),
        );
      }
      @override
      void dispose() {
        super.dispose();
        _tapGestureRecognizer.dispose();
      }
    }
```

运行效果如图 5-1 所示。

图 5-1　GestureRecognizer 效果

通过以上代码我们发现，TextSpan 中有一个属性 recognizer，它可以接收一个 recognizer。GestureRecognizer 本身是一个抽象类，不能直接实例化，它有很多子类，比如 LongPressGestureRecognizer、TapGestureRecognizer 等。

5.3 原始指针

Pointer 是原始指针事件，上面介绍的 GestureDetector 和 GestureRecognizer 都是直接或者间接封装 Pointers 而实现的。Pointer 通过控件 Listener 监听指针事件，Listener 的指针类型有如下 4 种。

- onPointerDown：指针按下事件回调。
- onPointerMove：指针移动事件回调。
- onPointerCancel：指针取消事件回调。
- onPointerUp：指针抬起事件回调。

指针用法如下：

```
Listener(
    onPointerDown: (v)=>print('onPointerDown'),
    onPointerMove: (v)=>print('onPointerMove'),
    onPointerCancel: (v)=>print('onPointerCancel'),
    onPointerUp: (v)=>print('onPointerUp'),

    child: Container(
      width: 200,
      height: 200,
        color: Colors.red,
    ),
  )
```

当指针滑动的时候调用顺序如下：onPointerDown → onPointerMove →…→ onPointer-Move → onPointerUp。

Listener 控件是最原始的指针控件，一般情况下建议使用手势控件 GestureDetector。

当按下指针时，系统对应用程序执行"hit test"（命中测试），确定当前点击的位置包含哪些控件，然后系统将事件分发给检测到的控件树的最末尾节点，事件将从此节点开始向上传递，一直到根节点。

5.4　实战："左滑删除"效果

"左滑删除"是项目中经常用到的效果，本节分析如何实现这一效果。我们将整体效果分为两部分：一部分是"向左滑动出现删除"的控件，这个控件可以通过水平滑动进行平移；另一部分是删除按钮，这个控件默认是不显示的，当用户向左滑动时随之显示。我们可以将第一部分覆盖删除按钮部分，当向左滑动时，将第一部分整体左移，这个时候删除按钮将慢慢显示。为了使效果更加顺滑，规定滑动一定距离后，即使用户停止滑动，也将显示整体删除按钮部分。这里涉及一部分与动画相关的知识，这些知识将在第 6 章具体介绍。

左滑删除（Slide）封装代码如下：

```
class Slide extends StatefulWidget {
  Key key;
  List<Widget> actions;
  Widget child;
  double actionsWidth;

  Slide(
      {this.key,
      @required this.child,
      @required this.actionsWidth,
      @required this.actions})
      : super(key: key);

  @override
  State<StatefulWidget> createState() => _Slide();
}

class _Slide extends State<Slide> with TickerProviderStateMixin {
  double translateX = 0;

  AnimationController animationController;

  @override
  void initState() {
    super.initState();
    animationController = AnimationController(
        lowerBound: -widget.actionsWidth,
        upperBound: 0,
        vsync: this,
```

```
        duration: Duration(milliseconds: 300))
      ..addListener(() {
      translateX = animationController.value;
      setState(() {});
    });
}


@override
Widget build(BuildContext context) {
  return Stack(
    children: <Widget>[
      Positioned.fill(
          child: Row(
        mainAxisAlignment: MainAxisAlignment.end,
          children: widget.actions,
      )),
      GestureDetector(
        onHorizontalDragUpdate: (v) {
          onHorizontalDragUpdate(v);
        },
        onHorizontalDragEnd: (v) {
          onHorizontalDragEnd(v);
        },
        child: Transform.translate(
          offset: Offset(translateX, 0),
          child: Row(
            children: <Widget>[
              Expanded(
                flex: 1,
                child: widget.child,
              )
            ],
          ),
        ),
      )
    ],
  );
}

void onHorizontalDragUpdate(DragUpdateDetails details) {
  translateX =
      (translateX + details.delta.dx).clamp(-widget.actionsWidth, 0.0);
  setState(() {});
}
```

```
    void onHorizontalDragEnd(DragEndDetails details) {
      animationController.value = translateX;
      if (details.velocity.pixelsPerSecond.dx > 200) {
        close();
      } else if (details.velocity.pixelsPerSecond.dx < -200) {
        open();
      } else {
        if (translateX.abs() > widget.actionsWidth / 2) {
          open();
        } else {
          close();
        }
      }
    }

    void open() {
      if (translateX != -widget.actionsWidth)
        animationController.animateTo(-widget.actionsWidth);
    }

    void close() {
      if (translateX != 0) animationController.animateTo(0);
    }

    @override
    void dispose() {
      animationController.dispose();
      super.dispose();
    }
  }
```

使用代码如下:

```
///
/// des: 左滑出现"删除"效果
///
class SlideDelete extends StatefulWidget {
  @override
  State<StatefulWidget> createState() => _SlideDelete();
}

class _SlideDelete extends State<SlideDelete> {
  /// 确认删除吗
  bool delete = false;
```

```
@override
Widget build(BuildContext context) {
  return Center(
    child: Container(
      alignment: Alignment.centerLeft,
      height: 70,
      child: Slide(
        actions: <Widget>[
          _createDelete(),
        ],
        actionsWidth: 100,
        child: GestureDetector(
          onTap: () {},
          child: _createItem(),
        ),
      ),
    ),
  );
}


///
/// 左滑删除
///
_createDelete() {
  return GestureDetector(
    onTap: () {
      if (delete) {
        // 点击删除

      } else {
        setState(() {
          delete = !delete;
        });
      }
    },
    child: Container(
      alignment: Alignment.center,
      width: 100,
      color: Colors.red,
      child: Text(delete ? '确认删除' : '删除'),
    ),
  );
}

///
```

```
/// item
///
Widget _createItem() {
  return Container(
    child: Container(
      color: Colors.white,
      margin: EdgeInsets.only(left: 4),
      child: Padding(
        padding: EdgeInsets.only(left: 20),
        child: Column(
          crossAxisAlignment: CrossAxisAlignment.start,
          mainAxisAlignment: MainAxisAlignment.center,
          children: <Widget>[
            Text('左滑删除'),
            SizedBox(height: 5),
          ],
        ),
      ),
    ),
  );
}
}
```

未左滑效果如图 5-2 所示。

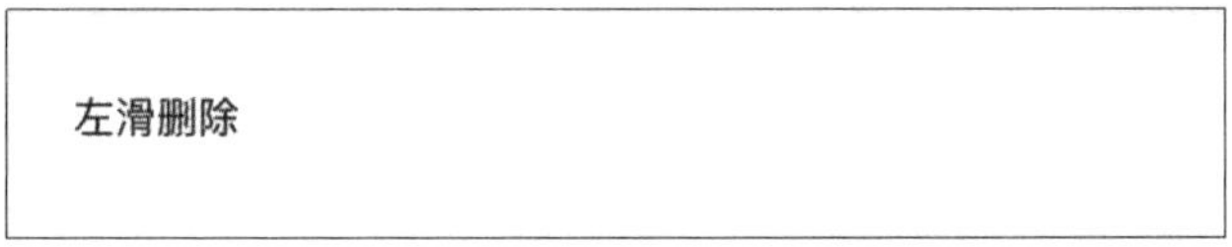

图 5-2　未左滑效果

左滑效果如图 5-3 所示。

图 5-3　左滑效果

5.5　本章小结

指针事件是 Flutter 的核心功能之一，Flutter SDK 中的按钮等点击控件就是通过指针事件封装的，Flutter 还很好地封装了手势识别控件，极大地方便了开发者。

第 6 章

动　　画

动画系统是任何一个 UI 框架的核心功能，也是开发者学习一个 UI 框架的重中之重。动画系统实现的原理基本都是一致的：将一定顺序的 UI 界面连续显示出来，借助人的视觉暂留现象，从而达到连续运动的效果。动画与电影的原理是一样的，动画系统中一个重要指标就是帧率 FPS（Frame Per Second），即每秒的帧数。对于人眼来说，帧率超过 24FPS 就会感觉比较顺滑；而 Flutter 中，理论上可以实现 60FPS。

通过本章，你将学习如下内容：

- 动画简介
- 动画基本使用
- AnimatedWidget
- AnimatedBuilder
- 交错动画
- AnimatedList
- Hero

6.1　动画简介

Flutter 对动画系统进行了抽象、封装，使我们可以方便地进行动画开发。Flutter 中动画主要涉及 Animation、Curve、Controller、Tween 这几个基本概念，下面一一介绍。

1. Animation

Animation 是一个抽象（abstract）类，它不能直接实例化，比较常用的 Animation 类是 Animation< double >。Animation 对象在一段时间内生成一个区间值。Animation 的输出可以是线性的，也可以是非线性的，因此 Animation 本身和 UI 渲染没有任何关系，它拥有动画当前值和状态。通过给 Animation 对象添加监听器，可以监听动画的每一帧及动画状态。添加监听的方法主要有以下两种。

- addListener()：每一帧都会调用，一般会在其中调用 setState() 来触发 UI 重建。
- addStatusListener()：添加动画状态改变监听器，当动画状态开始、结束、正向、反向发生变化时调用。

2. Curve

动画的过程是线性的还是非线性的是由 Curve 确定的，Curve 的作用和 Android 中的 Interpolator（差值器）是一样的，负责控制动画变化的速率，通俗地讲就是使动画的效果能够以匀速、加速、减速、抛物线等各种速率变化。系统已经内置了几十种动画曲线，全都定义在 Curves 类中，常用的动画曲线参见表 6-1。

表 6-1　动画曲线

动画曲线	说　明
linear	匀速
decelerate	减速
ease	先加速后减速
easeIn	先慢后快
bounceIn	弹簧效果

可以使用 CurvedAnimation 来指定动画曲线，代码如下：

```
animation = CurvedAnimation(parent:animationController,curve: Curves.bounceIn);
```

3. AnimationController

AnimationController 是动画控制器，控制动画的播放、停止等。AnimationController

继承自 Animation< double >，是一个特殊的 Animation 对象，屏幕刷新的每一帧都会生成一个新的值，默认情况下它会线性地生成一个 0.0 ～ 1.0 的值。

AnimationController 创建代码如下：

```
AnimationController(duration: Duration(seconds: 1),lowerBound:
0.0,upperBound: 1.0, vsync: this)
```

Duration 代表动画执行的时长，默认情况下 AnimationController 输出值的范围是 0 ～ 1，也可以通过 lowerBound 和 upperBound 指定区间。

4. Tween

AnimationController 继承自 Animation< double >，输出的值只能为 double 类型。如果要求动画的效果是颜色变化，这时候 AnimationController 并不能满足需求，而 Tween 则可以解决这方面的问题。Tween 的作用是映射生成不同范围的值。Tween 继承自 Animatable<T>，而不是 Animation<T>，它提供了 evaluate 方法以获取当前映射值。使用 Tween 对象需要调用 animate 方法传入控制器对象，并返回一个 animation。下面的代码实现了白色到黑色的过渡：

```
ColorTween(begin: Colors.white, end: Colors.black)
```

6.2 动画基本使用

下面使用 AnimationController 和 Tween 实现一个简单的动画。动画效果：缩放动画，即正方形的宽度变化过程是 80 → 100 → 80 → 100…，如此反复，代码如下：

```
class AnimationDemo extends StatefulWidget {
  @override
  State<StatefulWidget> createState() => _AnimationDemo();
}


class _AnimationDemo extends State<AnimationDemo>
    with SingleTickerProviderStateMixin {
  AnimationController animationController;
  var animation;

  @override
```

```
void initState() {
  super.initState();
  animationController = AnimationController(
      duration: Duration(seconds: 1),
      lowerBound: 0.0,
      upperBound: 1.0,
      vsync: this)
    ..addListener(() {
      setState(() {});
    })
    ..addStatusListener((status) {
      if (status == AnimationStatus.completed) {
        // 执行结束反向执行
        animationController.reverse();
      } else if (status == AnimationStatus.dismissed) {
        // 反向执行结束正向执行
        animationController.forward();
      }
    });

  animation = Tween(begin: 80.0, end: 100.0)
      .animate(animationController);
  animationController.forward();
}

@override
Widget build(BuildContext context) {
  return Center(
    child: Container(
      height: animation.value,
      width: animation.value,
      color: Colors.red,
    ),
  );
}
@override
void dispose() {
  super.dispose();
  animationController.dispose();
}
}
```

　　动画效果是 Container 控件尺寸变化：变大→变小→变大→变小……无限循环，截取其中一帧，效果如图 6-1 所示。

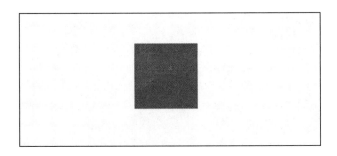

图 6-1　缩放动画效果

上面的代码中，addListener 调用了 setState 方法，因此每一帧都会重新绘制。Container 控件的 width、height 是 animation.value，animation.value 是动画输出的值。addStatus-Listener 监听动画状态变化，当动画正向执行结束后，调用 animationController.reverse() 让动画反向执行，反向执行结束再正向执行。最后在 dispose 内调用 animationController. dispose() 防止内存泄漏。

如果需要将上面的动画曲线设置为非匀速，只需修改上面代码段中的 initState 方法：

```
@override
  void initState() {
    super.initState();
    animationController = AnimationController(
        duration: Duration(seconds: 1),
        vsync: this)
      ..addListener(() {
        setState(() {});
      })
      ..addStatusListener((status) {
        if (status == AnimationStatus.completed) {
          // 执行结束反向执行
          animationController.reverse();
        } else if (status == AnimationStatus.dismissed) {
          // 反向执行结束正向执行
          animationController.forward();
        }
      });

    animation =
        CurvedAnimation(parent: animationController, curve: Curves.easeIn);
```

```
animation = Tween(begin: 80.0, end: 100.0).animate(animation);
animationController.forward();
}
```

变化的效果就是加了如下代码：

```
animation =
        CurvedAnimation(parent: animationController, curve: Curves.easeIn);
```

动画的效果就会变为先慢后快。

6.3　AnimatedWidget

通过上面的代码我们发现，所有动画的实现都需要 addListener 方法监听，然后调用 setState 方法触发重建刷新 UI，这是比较繁琐的，因此 Flutter 封装了调用 setState 部分，封装这部分的类就是 AnimatedWidget。将上的代码修改为 AnimatedWidget 结构，代码如下：

```
class AnimatedWidgetDemo extends StatefulWidget {
  @override
  State<StatefulWidget> createState() => _AnimatedWidgetDemo();
}

class _AnimatedWidgetDemo extends State<AnimatedWidgetDemo>
    with SingleTickerProviderStateMixin {
  AnimationController animationController;
  var animation;

  @override
  void initState() {
    super.initState();
    animationController =
        AnimationController(duration: Duration(seconds: 1), vsync: this)
          ..addStatusListener((status) {
            if (status == AnimationStatus.completed) {
              // 执行结束反向执行
              animationController.reverse();
            } else if (status == AnimationStatus.dismissed) {
              // 反向执行结束正向执行
              animationController.forward();
            }
          });
```

```
    animation =
        CurvedAnimation(parent: animationController, curve: Curves.easeIn);
    animation = Tween(begin: 80.0, end: 100.0).animate(animation);
    animationController.forward();
  }

  @override
  Widget build(BuildContext context) {
    return AnimatedContainer(
      animation: animation,
    );
  }

  @override
  void dispose() {
    super.dispose();
    animationController.dispose();
  }
}

class AnimatedContainer extends AnimatedWidget {
  AnimatedContainer({Key key, Animation<double> this.animation})
      : super(key: key, listenable: animation);

  final Animation<double> animation;

  @override
  Widget build(BuildContext context) {
    return Center(
      child: Container(
        height: animation.value,
        width: animation.value,
        color: Colors.red,
      ),
    );
  }
}
```

在上面的重构代码中，AnimatedWidget 分离出了 Widget，但动画的渲染逻辑（设置 Container 的宽高）仍然没有分离出来。如果想封装一个动画控件，这个动画控件可以作用于任何 Widget，这时就需要使用 AnimatedBuilder。

6.4 AnimatedBuilder

下面封装一个动画控件，动画效果是改变其子控件的大小，代码如下：

```
class AnimatedBuilderDemo extends StatefulWidget {
  @override
  State<StatefulWidget> createState() => _AnimatedBuilderDemo();
}

class _AnimatedBuilderDemo extends State<AnimatedBuilderDemo>
    with SingleTickerProviderStateMixin {
  AnimationController animationController;
  var animation;

  @override
  void initState() {
    super.initState();
    animationController =
        AnimationController(duration: Duration(seconds: 1), vsync: this)
          ..addStatusListener((status) {
            if (status == AnimationStatus.completed) {
              // 执行结束反向执行
              animationController.reverse();
            } else if (status == AnimationStatus.dismissed) {
              // 反向执行结束正向执行
              animationController.forward();
            }
          });

    animation =
        CurvedAnimation(parent: animationController, curve: Curves.easeIn);
    animation = Tween(begin: 80.0, end: 100.0).animate(animation);
    animationController.forward();
  }

  @override
  Widget build(BuildContext context) {
    return Center(
      child: _AnimatedBuilder(
        animation: animation,
        child: FlutterLogo(),
      ),
    );
  }
}
```

```
    @override
    void dispose() {
      super.dispose();
      animationController.dispose();
    }
}

class _AnimatedBuilder extends StatelessWidget {
  _AnimatedBuilder({this.child, this.animation});

  final Animation<double> animation;
  final Widget child;

  @override
  Widget build(BuildContext context) {
    return AnimatedBuilder(
      animation: animation,
      builder: (context, child) {
        return Container(
          height: animation.value,
          width: animation.value,
          child: child,
        );
      },
      child: child,
    );
  }
}
```

AnimatedWidget 和 AnimatedBuilder 的区别如下：

- AnimatedBuilder 继承自 AnimatedWidget，所以 AnimatedWidget 能实现的功能 AnimatedBuilder 也可以实现，但 AnimatedBuilder 功能更强大。
- AnimatedWidget 可以认为是 Animation 的助手类，它封装了监听 Animation 对象 的通知并调用了 setState。

6.5 交错动画

交错动画是由多个动画组成，多个动画可以同时执行，也可以顺序执行。这些动画 由一个 AnimationController 控制，动画是同时执行还是顺序执行由动画对象的 Interval 属性决定。例如，实现一个控件大小和颜色同时变化的动画效果，代码如下：

```
class MixedAnimationDemo extends StatefulWidget {
  @override
  State<StatefulWidget> createState() => _MixedAnimationDemo();
}


class _MixedAnimationDemo extends State<MixedAnimationDemo>
    with SingleTickerProviderStateMixin {
  AnimationController animationController;
  var animationSize;
  var animationColor;

  @override
  void initState() {
    super.initState();
    animationController =
        AnimationController(duration: Duration(seconds: 1), vsync: this)
          ..addListener(() {
            setState(() {});
          })
          ..addStatusListener((status) {
            if (status == AnimationStatus.completed) {
              // 执行结束反向执行
              animationController.reverse();
            } else if (status == AnimationStatus.dismissed) {
              // 反向执行结束正向执行
              animationController.forward();
            }
          });

    animationSize = Tween(begin: 80.0, end: 100.0);
    animationColor = ColorTween(begin: Colors.red, end: Colors.black);

    animationController.forward();
  }

  @override
  Widget build(BuildContext context) {
    return Center(
      child: Container(
        height: animationSize.evaluate(animationController),
        width: animationSize.evaluate(animationController),
        color: animationColor.evaluate(animationController),
      ),
    );
  }
}
```

这时 Container 的宽高和背景颜色同时变化，如果让大小和颜色变化顺序执行，代码修改如下：

```
class MixedAnimationDemo extends StatefulWidget {
  @override
  State<StatefulWidget> createState() => _MixedAnimationDemo();
}

class _MixedAnimationDemo extends State<MixedAnimationDemo>
    with SingleTickerProviderStateMixin {
  AnimationController animationController;
  var animationSize;
  var animationColor;

  @override
  void initState() {
    super.initState();
    animationController =
        AnimationController(duration: Duration(seconds: 1), vsync: this)
          ..addListener(() {
            setState(() {});
          })
          ..addStatusListener((status) {
            if (status == AnimationStatus.completed) {
              // 执行结束反向执行
              animationController.reverse();
            } else if (status == AnimationStatus.dismissed) {
              // 反向执行结束正向执行
              animationController.forward();
            }
          });
    animationSize = Tween(begin: 80.0, end: 100.0).animate(CurvedAnimation(
        parent: animationController, curve: Interval(0.0, 0.5)));
    animationColor = ColorTween(begin: Colors.red, end: Colors.black).animate(
        CurvedAnimation(
            parent: animationController, curve: Interval(0.5, 1.0)));
    animationController.forward();
  }

  @override
  Widget build(BuildContext context) {
    return Center(
      child: Container(
        height: animationSize.value,
```

```
        width: animationSize.value,
        color: animationColor.value,
      ),
    );
  }
}
```

截取其中一帧，效果如图 6-2 所示。

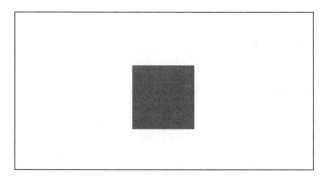

图 6-2　交错动画效果

能够顺序执行，是因为动画对象加入了 Interval 属性，Interval 的值在 0.0 ～ 1.0 范围。上面的代码中大小动画设置的值为 0.0 ～ 0.5，表示动画的前 50% 执行大小动画，颜色动画设置的值为 0.5 ～ 1.0，表示动画的 50% 到 100% 执行颜色动画。

6.6　AnimatedList

应用程序中，如果列表添加、删除数据时没有过渡动画，就会让用户产生很糟糕的体验，瞬间的变动会使用户感觉突兀，可能不知道发生了什么。AnimatedList 提供了一种简单的方式，在列表数据发生变化时加入过渡动画。AnimatedList 的构建首先需要 itemBuilder，代码如下：

```
AnimatedList(
    itemBuilder: (BuildContext context, int index, Animation animation) {
      return _buildItem(_list[index].toString(), animation);
    },
  )
```

itemBuilder 是一个函数，列表的每一个索引会调用，这个函数有一个 animation 参数，可以设置成任何一个动画。如果初始的时候数据不为空，AnimatedList 的构建需要 initialItemCount，initialItemCount 表示数据的数量。当有数据添加或者删除时，调用 AnimatedListState 的对应方法，如下所示：

```
AnimatedListState.insertItem
AnimatedListState.removeItem
```

得到 AnimatedListState 有两个方法：

1）通过 AnimatedList.of(context) 方法，代码如下：

```
AnimatedList.of(context).insertItem(index);
AnimatedList.of(context).removeItem(index, (context,animation)=>{});
```

2）设置 key，代码如下：

```
final GlobalKey<AnimatedListState> _listKey = GlobalKey<AnimatedListState>();
AnimatedList(
        key: _listKey,
        initialItemCount: _list.length,
        itemBuilder: (BuildContext context, int index, Animation
        animation) {
          return _buildItem(_list[index].toString(), animation);
        },
    )
```

调用如下：

```
_listKey.currentState.insertItem(_index);
```

需要注意的是，AnimatedListState.insertItem 或者 AnimatedListState.removeItem 并不会更新实际数据，需要手动处理。

下面的代码实现了"左进右出"的动画效果：

```
class AnimatedListDemo extends StatefulWidget {
  @override
  State<StatefulWidget> createState() => _AnimatedListDemo();
}

class _AnimatedListDemo extends State<AnimatedListDemo>
    with SingleTickerProviderStateMixin {
  List<int> _list = [];
```

```
final GlobalKey<AnimatedListState> _listKey = GlobalKey<
AnimatedListState>();

void _addItem() {
  final int _index = _list.length;
  _list.insert(_index, _index);
  _listKey.currentState.insertItem(_index);
}

void _removeItem() {
  final int _index = _list.length - 1;
  var item = _list[_index].toString();
  _listKey.currentState.removeItem(
      _index, (context, animation) => _buildItem(item, animation));
  _list.removeAt(_index);

}

Widget _buildItem(String _item, Animation _animation) {
  return SlideTransition(
    position: _animation.drive(CurveTween(curve: Curves.easeIn)).drive
    (Tween<Offset>(begin: Offset(1,1),end: Offset(0,1))),
    child: Card(
      child: ListTile(
        title: Text(
          _item,
        ),
      ),
    ),
  );
}

@override
Widget build(BuildContext context) {
  return Scaffold(
    body: AnimatedList(
      key: _listKey,
      initialItemCount: _list.length,
      itemBuilder: (BuildContext context, int index, Animation
      animation) {
        return _buildItem(_list[index].toString(), animation);
      },
    ),
    floatingActionButton: Row(
      mainAxisAlignment: MainAxisAlignment.center,
```

```
        crossAxisAlignment: CrossAxisAlignment.center,
        children: <Widget>[
          FloatingActionButton(
            onPressed: () => _addItem(),
            child: Icon(Icons.add),
          ),
          SizedBox(
            width: 60,
          ),
          FloatingActionButton(
            onPressed: () => _removeItem(),
            child: Icon(Icons.remove),
          ),
        ],
      ),
    );
  }
}
```

截取动画效果中的一帧，如图 6-3 所示。

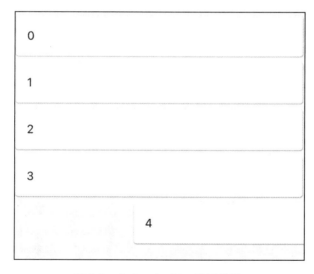

图 6-3　AnimationList 动画效果

6.7　Hero

Hero 是一种常见的动画效果，是可以在路由（页面）之间"飞行"的 widget，可

以从一个页面打开另一个页面时产生一个简单的过渡动画。构建 Hero 需要一个子控件，
这里设置其为图片；还需要一个 tag，第一个页面和第二个页面的 Hero 控件的 tag 属性
值要保持一致。第一个页面代码如下：

```
class HeroDemo extends StatelessWidget {
  @override
  Widget build(BuildContext context) {
    return GridView.builder(
      gridDelegate:
          SliverGridDelegateWithFixedCrossAxisCount(crossAxisCount: 2),
      itemBuilder: (context, index) => _buildItem(context, index),
      itemCount: 1,
    );
  }

  _buildItem(context, index) {
    return GestureDetector(
      onTap: () {
        Navigator.of(context).push(MaterialPageRoute(builder: (context) {
          return HeroDetailDemo();
        }));
      },
      child: Hero(
        tag: 'chair',
        child: Container(
          height: 100,
          width: 100,
          child: Image.asset('assets/icons/chair.png'),
        ),
      ),
    );
  }
}
```

第二个页面代码如下：

```
class HeroDetailDemo extends StatelessWidget {
  @override
  Widget build(BuildContext context) {
    return AspectRatio(
      aspectRatio: 1,
      child: Hero(
        tag: 'chair',
```

```
        child: Image.asset('assets/icons/chair.png'),
      ),
    );
  }
}
```

截取了动画效果中的一帧，如图 6-4 所示。

图 6-4　Hero 动画效果

6.8　本章小结

动画系统是 Flutter 中的重点也是难点，读者一定要了解其实现的原理，掌握 Animation、Tween 等概念，当遇到困惑的时候阅读源码仍然是一个有效解决问题的办法。Flutter 内置了很多动画控件，比如 AnimatedCrossFade、DecoratedBoxTransition、FadeTransition、PositionedTransition、SizeTransition 等，这些控件的用法相对简单，读者可以查阅相关 API 文档。

第 7 章

文件操作与网络请求

文件读写和网络请求是 Flutter 中非常重要的功能，所涉及的 API 是 Dart 标准语法库的一部分。文件读写包含文件的创建、删除、写入数据、读取数据等；网络操作通常包含 http 网络请求、网络资源下载等。

通过本章，你将学习如下内容：

- 获取 Android 和 iOS 文件路径
- 文件夹常用操作
- 文件常用操作
- HTTPClient 网络请求
- dio 介绍及使用
- json 数据转 Model

7.1 获取 Android 和 iOS 文件路径

Android 和 iOS 的文件路径是不同的，因此获取不同平台的文件路径需要原生开发的支持。我们可以借助第三方插件完成这部分工作——PathProvider 插件提供了不同平台统一访问文件路径的方式。

使用 PathProvider 插件需要在 pubspec.yaml 上添加如下依赖：

```
path_provider: ^1.5.1
```

添加后执行命令"flutter packages get",成功后即可使用,版本可能会更新,建议读者使用最新的版本,最新版本在 https://pub.dev/packages/path_provider 进行查看。

PathProvider 插件获取文件路径有 3 种方法。

- getTemporaryDirectory:此方法获取临时目录,iOS 上对应 NSTemporaryDirectory() 目录,Android 上对应 getCacheDir() 目录,即 data/data/packageName/cache。系统会清除此目录,一般情况下聊天记录会存放在此目录。
- getApplicationDocumentsDirectory:此方法获取应用程序的文档目录,iOS 上对应 NSDocumentDirectory 目录,Android 上对应 data/data/packageName/app_flutter 目录。
- getExternalStorageDirectory:此方法获取外部存储目录,iOS 不支持外部存储目录,在 iOS 上调用此方法则抛出异常,Android 上对应 getExternalStorage-Directory 目录,即外部存储目录根目录。

注意:Android 系统操作 SD 卡文件需要读写权限。在 android/app/src/main/Android-Manifest.xml 中添加读写权限,如下所示:

```
<uses-permission android:name="android.permission.WRITE_EXTERNAL_STORAGE" />
<uses-permission android:name="android.permission.READ_EXTERNAL_STORAGE" />
```

Android 6.0 及以上系统"读写权限"需要动态申请,用户通过后才能使用,动态申请权限涉及原生开发。此处先手动打开"读写"权限:打开手机"设置→应用"和"通知→ Flutter App →权限",即可打开读写权限。

7.2　文件夹常用操作

针对文件夹的常用操作包括创建、重命名、删除和遍历其文件。

1. 创建指定目录

创建目录的方法如下:

```
Directory('$rootPath${Platform.pathSeparator}dir1').create();
```

Platform.pathSeparator 表示路径分隔符，对于 Android 和 iOS 来说表示 "/"。

create 中有一个可选参数 recursive，默认值为 false，false 表示只能创建最后一级文件夹，如果创建 "dir1/dir2" 这种嵌套文件夹，recursive 为 false 时将抛出异常，而设置为 true 可以创建嵌套文件夹。例如，在根目录创建 "dir1/dir2" 文件夹，代码如下：

```
var dir2 =await
Directory('$rootPath${Platform.pathSeparator}dir1${Platform.pathSeparator}
dir2${Platform.pathSeparator}')
        .create(recursive: true);
```

2. 重命名目录

重命名目录使用 rename 方法，用法如下：

```
var dir3= await dir2.rename('${dir2.parent.absolute.path}/dir3');
```

3. 删除目录

删除目录使用 delete 方法，用法如下：

```
await dir3.delete();
await dir1.delete(recursive: true);
```

create 中有一个可选参数 recursive，默认值为 false，设置为 false 时，如果删除的文件夹下还有内容将无法删除，抛出异常；设置为 true 时，删除当前文件夹及文件夹下所有内容。

4. 遍历目录下文件

遍历目录使用方法 list，用法如下：

```
Stream<FileSystemEntity> fileList = rootDir.list(recursive: false);
await for(FileSystemEntity entity in fileList) {
   print(entity.path);
}
```

可选参数 recursive，默认值为 false，表示只遍历当前目录；设置为 true，表示遍历当前目录及子目录。

FileSystemEntity.type 静态函数返回值为 FileSystemEntityType，有以下几个常量：
Directory、File、Link 以 及 NOT_FOUND， 例 如 FileSystemEntity.isFile.FileSystemEntity.
isLink.FileSystemEntity.isDerectory，可用于判断类型。

7.3 文件常用操作

针对文件的常用操作包括创建、写入、读取和删除。

1. 创建文件

创建文件使用 File().create，用法如下：

```
var file = await File('$rootPath/dir1/file.txt').create(recursive: true);
```

2. 写入文件

将字符串写入文件：

```
file.writeAsString('Flutter 实战入门 ')
```

将 bytes 写入文件：

```
file.writeAsBytes(Utf8Encoder().convert("Flutter 实战入门 "));
```

向文件末尾追加内容：

```
file.openWrite(mode: FileMode.append).write('Flutter 实战入门 \n')
```

3. 读取文件

读取一行内容：

```
List<String> lines = await file.readAsLines();
```

读取 bytes 并转换为 String：

```
Utf8Decoder().convert(await file.readAsBytes());
```

4. 删除文件

删除文件使用 delete 方法，用法如下：

```
file.delete();
```

7.4　HTTPClient 网络请求

HTTP 网络请求方式包含 GET、POST、HEAD、PUT、DELETE、TRACE、CONNECT、OPTIONS 等。本章介绍 dart:io 中的 HttpClient 发起的请求，但 HttpClient 本身功能较弱，很多常用功能都不支持。建议使用 dio 来发起网络请求，这是一个强大易用的 Dart http 请求库，支持 Restful API、FormData、拦截器、请求取消、Cookie 管理等，7.5 节将介绍如何使用 dio。

发起一个 HTTP 请求需要如下 5 个步骤。

1）创建 HttpClient。

HttpClient 需要导入 dart:io 包，创建 HttpClient 代码如下：

```
var httpClient = new HttpClient();
```

2）构建 Uri。代码如下：

```
var uri = Uri(scheme: 'http',host: 'www.baidu.com', queryParameters: {
    'params1:': '',
    'params2:': '',
  });
```

3）打开 HTTP 连接。代码如下：

```
HttpClientRequest request = await httpClient.getUrl(uri);
```

4）设置 header。

需要通过 HttpClientRequest 设置 header，代码如下：

```
request.headers.add('', '');
```

5）发送请求并解析返回的数据。代码如下：

```
HttpClientResponse response = await request.close();
String responseBody = await response.transform(utf8.decoder).join();
```

HttpClient 是 Dart 标准库的一部分，但其本身功能比较弱，且对开发不够友好，因此一般不直接使用此功能进行 HTTP 的开发，建议使用第三方插件 dio 进行开发。下节介绍 dio 的使用。

7.5 dio 介绍及使用

dio 是一个开源的 Dart http 请求库，功能强大，易于使用，支持 Restful API、FormData、拦截器、请求取消、Cookie 管理、文件上传 / 下载、超时、自定义适配器等功能。

使用 dio 需要添加依赖，在 pubspec.yaml 中添加，代码如下：

```
dependencies:
  dio: ^3.0.7
```

建议读者使用最新的版本，读者可以到 https://github.com/flutterchina/dio/blob/master/README-ZH.md 查看最新版本。

建议读者将 dio 设置为单例，这样可以对所有的 HTTP 请求进行统一配置，比如超时设置、公共 header、cookie 等。设置统一参数方法如下：

```
var options = BaseOptions(
        baseUrl: '$_host', connectTimeout: 5000, receiveTimeout: 3000);
_dio = Dio(options);
```

发起一个 get 请求，代码如下：

```
response = await dio.get("/test?id=12&name=flutter")
print(response.data.toString());
```

发起一个 post 请求，代码如下：

```
response = await dio.post("/test", data: {"id": 12, "name": "flutter"});
print(response.data.toString());
```

发起多个并发请求，代码如下：

```
response = await Future.wait([dio.post("/info"), dio.get("/token")]);
```

下载文件，代码如下：

```
await dio.download(urlPath, savePath,
        onReceiveProgress: (count, total){
            //下载进度回调
        });
```

发送 FormData，代码如下：

```
FormData formData = FormData.from({
    "name": "flutter",
    "age": 25,
  });
response = await dio.post("/info", data: formData);
```

通过 FormData 上传多个文件，代码如下：

```
FormData.fromMap({
    "name": "flutter",
    "age": 25,
    "file": await MultipartFile.fromFile("./text.txt",filename: "upload.txt"),
    "files": [
      await MultipartFile.fromFile("./text1.txt", filename: "text1.txt"),
      await MultipartFile.fromFile("./text2.txt", filename: "text2.txt"),
    ]
});
response = await dio.post("/info", data: formData);
```

监听发送（上传）数据进度，代码如下：

```
response = await dio.post(
  "http://www.dtworkroom.com/doris/1/2.0.0/test",
  data: {"aa": "bb" * 22},
  onSendProgress: (int sent, int total) {
    print("$sent $total");
  },
);
```

7.6 json 数据转 Model

项目中后台接口返回的数据格式通常是 json，Dart 标准库中提供了 json 转对象的方法，json 格式如下：

```
{
  "name": "flutter",
  "age": 2,
  "email": "flutter@example.com"
}
```

将上面的 json 转换为对象，代码如下：

```
Map<String, dynamic> jsonObj = json.decode(jsonStr);
print('$jsonObj');
```

json.decode 方法返回的是 dynamic 类型，意味着运行的时候我们才知道其类型，因此，编写代码非常容易出错，例如通过 jsonObj['name'] 获取 name 属性，我们输入错误 jsonObj['nema']，这种情况编译时不会报错。那么 Flutter 是否有"json Model 化"的框架，类似于 Java 中的 fastJson 的框架呢？非常遗憾的是 Flutter 中并没有类似框架，因为 Java 中的 fastJson 框架是通过反射实现的，而 Flutter 中是禁止使用反射的。

官方推荐使用 json 的方式是，向需要转换的 Model 类添加 fromJson 和 toJson 方法，fromJson 将 json 字符串解析并构造此类的实例，toJson 将对象转换为 Map，代码如下：

```
class User {
  User(this.name, this.age);

  final String name;
  final int age;

  User.fromJson(Map<String, dynamic> json)
      : name = json['name'],
        age = json['age'];

  Map<String, dynamic> toJson() => {'name': this.name, 'age': this.age};
}
```

fromJson 和 toJson 方法仍然需要开发者手动去写，实际项目中字段可能很复杂，这时候非常需要一个自动处理 json 序列化的框架。官方为我们推荐了一个这样的框架——json_serializable。

在 pubspec.yaml 中添加开发依赖，代码如下：

```
dev_dependencies:
json_serializable: ^3.0.0
build_runner: ^1.6.1
```

注意，这是开发依赖项，是开发过程中的一些辅助工具。添加完依赖后执行
"flutter packages get"，执行完毕就可以使用 json_serializable 了。

修改上面的 User 类，代码如下：

```
import 'package:json_annotation/json_annotation.dart';

part 'user.g.dart';

// 这个标注是告诉生成器，这个类是需要生成 Model 类的
@JsonSerializable()
class User {
  User(this.name, this.age);

  final String name;
  final int age;

  factory User.fromJson(Map<String, dynamic> srcJson) =>
      _$UserFromJson(srcJson);

  toJson() => _$UserToJson(this)
}
```

在项目的根目录执行如下命令：

```
flutter packages pub run build_runner build
```

结果如下：

```
[INFO] Generating build script...
[INFO] Generating build script completed, took 370ms

[INFO] Initializing inputs
[INFO] Reading cached asset graph...
[INFO] Reading cached asset graph completed, took 105ms

[INFO] Checking for updates since last build...
```

```
[INFO] Checking for updates since last build completed, took 841ms

[INFO] Running build...
[INFO] Running build completed, took 905ms

[INFO] Caching finalized dependency graph...
[INFO] Caching finalized dependency graph completed, took 38ms

[INFO] Succeeded after 953ms with 2 outputs (3 actions)
```

执行成功后会在 user.dart 同级目录下生成 user.g.dart 文件。此处向大家推荐一个根据 json 自动生成 Model 的网址：https://caijinglong.github.io/json2dart/index.html ，有了它我们连 Model 类都不用写了。

7.7 项目实战：记事本

本节将做一个记事本应用程序，用记事本来写日记，通过这个实战项目可加深对文件的读写操作。本节将通过以下内容完成此功能：

- 日记的展示和添加
- 日记的编辑和保存

7.7.1 用记事本来写日记的效果

当未在记事本上写日记时，在屏幕中间的位置显示几个字："空空如也，快去写日记吧"，效果如图 7-1 所示。

图 7-1 没有日记时效果

写了日记后，在屏幕上要显示日记列表，显示的内容包括日记标题及更新时间，效果如图 7-2 所示。

图 7-2　有日记数据效果

写日记的界面包含标题输入框和内容输入框，左上角是返回按钮，右上角为完成按钮，效果如图 7-3 所示。

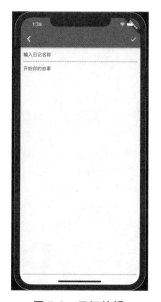

图 7-3　日记编辑

7.7.2 日记的展示和添加

当未记录日记时，屏幕中间显示"空空如也，快去写日记吧"，代码如下：

```
///
/// 构建没有写日记的页面
///
_buildEmpty() {
  return Center(
    child: Text(
      '空空如也，快去写日记吧',
      style: TextStyle(color: Colors.black.withOpacity(.6)),
    ),
  );
}
```

由于文字居中显示，所以使用 Center 控件。

首先，日记是保存在临时文件目录下，遍历此目录下所有的文件，如果有文件表示曾经记录过日记；没有则表示还未记录日记，加载日记代码如下：

```
List<NoteInfo> _noteList = [];
///
  /// 遍历已经存在的日记
  ///
_loadNotes() async {
  // 遍历日记目录下所有文件
  getTemporaryDirectory().then((dir) async {
    List<FileSystemEntity> dirs = dir.listSync(recursive: false);
    List<FileSystemEntity> files = [];
    for (var dir in dirs) {
      if ((await dir.stat()).type == FileSystemEntityType.file) {
        files.add(dir);
      }
    }
    //排序
    files.sort((f1, f2) {
      try {
        var dt1 = File(f1.path).lastModifiedSync();
        var dt2 = File(f2.path).lastModifiedSync();
        return dt2.millisecondsSinceEpoch - dt1.millisecondsSinceEpoch;
      } catch (e) {
        print('$e');
        return 0;
```

```
      }
    });
    _noteList.clear();
    // 将文件转换为日记信息
    files.forEach((f) {
      var file = File(f.path);
      if (file.path.endsWith('txt')) {
        _noteList.add(NoteInfo(getFileNameFromPath(file.path), file.path,
            file.lastModifiedSync()));
      }
    });

    setState(() {});
  });
}

/// 从路径中提取文件名
String getFileNameFromPath(String path) {
  int index = path.lastIndexOf('/');
  if (index <= 0) {
    return path;
  }
  return path.substring(index + 1);
}
```

日记的 model 类定义了日记的基本信息，代码如下：

```
class NoteInfo {
const NoteInfo(this.name, this.path, this.updateTime);

final String name;
final String path;
final DateTime updateTime;
}
```

遍历数据后对日记按照更新时间排序，记得初始化时加载数据，代码如下：

```
  @override
void initState() {
 _loadNotes();
  super.initState();
}
```

日记数据已经加载完毕，接下来就是使用 ListView 进行展示了，代码如下：

```
  ///
  /// 构建日记列表
  ///
_buildList() {
  return ListView.separated(
    itemBuilder: (context, index) {
      return InkWell(
        onTap: () async{
          var result = await Navigator.of(context)
              .push(MaterialPageRoute(builder: (context) {
            return NoteEdit(path: _noteList[index].path,);
          }));
          _loadNotes();
        },
        child: Container(
          child: ListTile(
            title: Text('${_noteList[index].name}'),
            subtitle: Text('${_noteList[index].updateTime}'),
          ),
        ),
      );
    },
    separatorBuilder: (context, index) {
      return Divider(
        height: 1,
      );
    },
    itemCount: _noteList.length,
  );
}
```

在屏幕的右下角还有一个写日记的图标，点击图标，跳转到写日记页面，代码如下：

```
@override
  Widget build(BuildContext context) {
    return Scaffold(
      floatingActionButton: RaisedButton(
        padding: EdgeInsets.all(10),
        child: Icon(
          Icons.mode_edit,
          color: Theme.of(context).primaryColor,
          size: 35,
        ),
        shape: CircleBorder(),
        onPressed: () async {
```

```
              var result = await Navigator.of(context)
                  .push(MaterialPageRoute(builder: (context) {
                return NoteEdit();
              }));
              _loadNotes();
            },
          ),
          body: _noteList.length == 0 ? _buildEmpty() : _buildList(),
        );
      }
```

这里要注意，点击写日记按钮时不仅要跳转到写日记的页面，还要等返回时重新加载数据。

7.7.3　日记的编辑和保存

日记的标题和内容都是输入框，内容输入框为多行输入框，这里要适配刘海屏等不规则屏幕，否则会出现部分内容被遮挡的问题。

顶部的 AppBar 左面为返回按钮，点击跳转到日记列表页，右侧为保存按钮，点击保存当前日记，代码如下：

```
@override
  Widget build(BuildContext context) {
    return Scaffold(
      appBar: AppBar(
        actions: <Widget>[
          IconButton(
            icon: const Icon(Icons.done),
            tooltip: 'Show Snackbar',
            onPressed: _save,
          ),
        ],
      ),
      body: SafeArea(
        child: Padding(
          padding: EdgeInsets.symmetric(horizontal: 10),
          child: Column(
            children: <Widget>[
              TextField(
                controller: _titleController,
                decoration: InputDecoration(hintText: '输入日记名称'),
```

```
                  ),
              Expanded(
                child: TextField(
                  controller: _contentController,
                  decoration: InputDecoration(hintText: ' 开始你的故事 '),
                  maxLines: 2000,
                ),
              ),
            ],
          ),
        ),
      ),
    );
  }
```

如果点击日记进入此编辑界面，默认加载当前日记，因此需要给输入框定义
TextEditingController，控制输入框内容的填充，定义如下：

```
TextEditingController _titleController;
  TextEditingController _contentController;

@override
  void initState() {
    _titleController = TextEditingController();
    _contentController = TextEditingController();
    _loadData();
    super.initState();
  }
```

通过日记的文件加载日记的标题及日记内容，代码如下：

```
_loadData() async {
    if (widget.path != null) {
      var fileName = getFileNameFromPath(widget.path);
      fileName = fileName.substring(0,fileName.length-4);
      _titleController.text =fileName ;
      var content =
          Utf8Decoder().convert(await File(widget.path).readAsBytes());
      _contentController.text = content;
      setState(() {});
    }
  }

/// 从路径中提取文件名
```

```
String getFileNameFromPath(String path) {
  int index = path.lastIndexOf('/');
  if (index <= 0) {
    return path;
  }
  return path.substring(index + 1);
}
```

日记编写完成后，点击完成图标，保存日记，保存成功后返回日记展示页面，定义如下：

```
_save() async {
  try {
    var title = _titleController.text;
    var content = _contentController.text;
    var rootDir = await getTemporaryDirectory();
    var file = File('${rootDir.path}/$title.txt');
    var exist = file.existsSync();
    if (!exist) {
      // 不存在，创建文件
      file.createSync(recursive: true);
    }
    file.writeAsStringSync(content);
    Navigator.of(context).pop(title);
  } catch (e) {
    print('$e');
  }
}
```

日记编辑效果如图 7-4 所示。

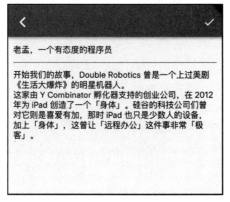

图 7-4　日记输入内容

7.8　本章小结

文件操作和网络请求是项目必不可少的功能之一，dio 和 json_serializable 会极大地减少我们的工作量。另外，Flutter 是禁用反射的，Dart 本身是有反射功能的，那么为什么 Flutter 禁用呢？主要是为了减少应用程序的大小，Flutter 的 release 版本会去除未使用的代码，如果使用反射，Flutter 将无法知道哪些类被使用而不得不打包全部代码。

第 8 章

路由导航和存储

应用程序一般包含多个页面，在 Flutter 中把每一个页面称为路由（Route），这些路由的跳转由导航器（Navigator）管理。导航器管理着路由对象的堆栈，并提供管理堆栈的方法，如 Navigator.push 和 Navigator.pop，通过路由对象的进出栈使用户从一个页面跳转到另一个页面。

Flutter 中的存储按照数据量的大小及复杂度可以分为两类：第一类针对非常简单的数据，比如设置属性等，可以采用存储数据，shared_preferences 是一种 key-value 的存储方式。第二类针对比较大的数据，采用类似服务端数据库的方式，即 SQLite。

通过本章，你将学习如下内容：

- 路由导航
- 命名路由
- shared_preferences 存储数据
- SQLite 存储数据

8.1 路由导航

路由是应用程序页面抽象出来的概念，一个页面对应一个路由。在 Android 中一个路由对应一个 Activity；在 iOS 中一个路由对应一个 ViewController；而在 Flutter 中一个路由对应一个 Widget，当然这个 Widget 下还包括很多 Widget。在 Flutter 中，路由是由 Navigator 管理的，Navigator 管理路由对象的堆栈，并提供管理堆栈的方法。
Navigator 的 push 方法是将一个新的路由添加到堆栈中，即打开一个页面，用法如下：

```
Navigator.of(context).push(MaterialPageRoute(builder: (context) {
        return TwoPage();
    }));
```

pop 方法是将一个路由出栈，即返回上一个页面，用法如下：

```
Navigator.of(context).pop();
```

下面创建两个页面，每个页面包含一个按钮，点击第一个页面的按钮跳转到第二个
页面，点击第二个页面的按钮返回第一个页面。

第一个页面代码如下：

```
class OnePage extends StatelessWidget {
  @override
  Widget build(BuildContext context) {
    return Scaffold(
      appBar: AppBar(
        title: Text('OnePage'),
        centerTitle: true,
      ),
      body: Center(
        child: RaisedButton(
          child: Text(' 跳转 '),
          onPressed: () {
            Navigator.of(context).push(MaterialPageRoute(builder: (context) {
              return TwoPage();
            }));
          },
        ),
      ),
    );
  }
}
```

第二个页面代码如下：

```
class TwoPage extends StatelessWidget {
  @override
```

```
  Widget build(BuildContext context) {
    return Scaffold(
      appBar: AppBar(
        title: Text('TwoPage'),
        centerTitle: true,
      ),
      body: Center(
        child: RaisedButton(
          child: Text('返回'),
          onPressed: () {
            Navigator.of(context).pop();
          },
        ),
      ),
    );
  }
}
```

Navigator 的 push 方法的参数是一个 MaterialPageRoute，MaterialPageRoute 继承 PageRoute，是 Material 组件库提供的。MaterialPageRoute 实现了在不同平台页面切换时的不同动画效果。对于 Android 来说，进入动画是向上滑动，退出是向下滑动；对于 iOS 来说，进入动画是从右侧滑动到左侧，退出则是从左侧滑动到右侧。

如果要在跳转页面时加入参数，实现方式如下：

```
Navigator.of(context).push(MaterialPageRoute(builder: (context) {
        return TwoPage('我是参数');
      }));
```

push 方法是 Future 类型，可以接收第二个页面返回的值，修改第一个页面按钮，代码如下：

```
RaisedButton(
        child: Text('跳转'),
        onPressed: () async {
          var result = await Navigator.of(context)
              .push(MaterialPageRoute(builder: (context) {
            return TwoPage();
          }));
          print('$result');
        },
      )
```

修改第二个页面的退出方法，返回数据，代码如下：

```
Navigator.of(context).pop('返回参数');
```

8.2 命名路由

命名路由就是给路由起一个名字。可以直接通过名字打开新的路由，这种方式更加方便管理路由，建议在实际项目中使用命名路由的方式。使用命名路由首先需要创建一个路由表，路由表的创建方式如下：

```
class Routes {
  static const String onePage = 'one_page';
  static const String twoPage = 'two_page';
  static Map<String, WidgetBuilder> routes = {
    onePage: (context) => OnePage(),
    twoPage: (context) => TwoPage(),
  };
}
```

然后注册路由表，在 lib/main.dart 文件下找到如下代码：

```
void main() => runApp(MyApp());

class MyApp extends StatelessWidget {
  // This widget is the root of your application.
  @override
  Widget build(BuildContext context) {
    return MaterialApp(
      title: 'Flutter Demo',
      theme: ThemeData(
        primarySwatch: Colors.blue,
      ),
      routes: Routes.routes,
      home: MyHomePage(title: 'Flutter Demo Home Page'),
    );
  }
}
```

找到 MyApp 类下的 MaterialApp 控件，添加 routes 属性：

```
routes: Routes.routes,
```

使用命名路由方式打开新的页面使用 pushNamed 方法，代码如下：

```
var result = await Navigator.of(context).pushNamed(Routes.twoPage);
```

给命名路由传递参数的方法如下：

```
var result = await Navigator.of(context)
            .pushNamed(Routes.twoPage, arguments: {
          'name': 'flutter',
        });
```

跳转到新的页面接收参数，代码如下：

```
var arg = ModalRoute.of(context).settings.arguments;
print('$arg');
```

有时候，我们想将参数当成页面的参数传递进去，而不是在新页面里面获取，这种情况下，修改第二个页面，代码如下：

```
class TwoPage extends StatelessWidget {
  TwoPage(this.title, {Key key}) : super(key: key);
  final String title;

  @override
  Widget build(BuildContext context) {
    return Scaffold(
      appBar: AppBar(
        title: Text('${this.title}'),
        centerTitle: true,
      ),
      body: Center(
        child: RaisedButton(
          child: Text('返回'),
          onPressed: () {
            Navigator.of(context).pop('返回参数');
          },
        ),
      ),
    );
  }
}
```

这时，定义路由的时候需要一个参数，定义如下：

```
twoPage: (context) => TwoPage(ModalRoute.of(context).settings.arguments),
```

项目中，用户进入登录界面并登录成功，然后跳转到"页面1"，当返回时用户不应该返回到登录界面，该如何处理呢？简单，只需在登录成功跳转到"页面1"时，使用 pushReplacementNamed 或者 popAndPushNamed 方法将登录界面出栈。这两个方法的区别是：pushReplacementNamed 是用新的界面代替当前路由；popAndPushNamed 是当前路由先 pop（出栈），然后新的界面入栈。用法如下：

```
Navigator.of(context).pushReplacementNamed(routeName)
Navigator.of(context).popAndPushNamed (routeName)
```

如果用户还没有账号，则需要注册，注册成功后默认用户已经登录，那么此时用户在注册界面返回时不应该返回到登录界面。这种情况下可以使用 pushNamed-AndRemoveUntil 方法出栈多个路由，用法如下：

```
Navigator.of(context).pushNamedAndRemoveUntil('new route name',ModalRoute.
withName('home'));
```

上面的代码表示跳转到新的界面，并出栈路由直到 home 路由为止。也可以使用 popUntil 方法，popUntil 表示只出栈路由，用法如下：

```
Navigator.popUntil(context, ModalRoute.withName('home'));
```

8.3 shared_preferences 存储数据

从事过 Android 开发的读者都知道，SharePreferences 可以存储轻量级的数据，在 Flutter 中可以使用 shared_preferences 来存储轻量级的数据。使用 shared_preferences 需要在 pubspec.yaml 添加依赖，如下所示：

```
dependencies:
  shared_preferences: ^0.5.6
```

然后，执行如下命令：

```
flutter packages get
```

此时，即可使用 shared_preferences 插件。

增加 / 修改数据的用法如下：

```
var prefs = await SharedPreferences.getInstance();
prefs.setString(key, value);
```

prefs 针对不同类型的数据提供了不同的保存方法，包括 setString、setBool、setInt 等。另外，要注意 SharedPreferences.getInstance() 是异步方法，增加和修改都是用 set 方法，有相同的 key 就覆盖之前的数据。

获取数据的用法如下：

```
var prefs = await SharedPreferences.getInstance();
prefs.getString(key);
```

get 也包括 getString、getBool、getInt 等获取不同类型数据的方法。

删除数据的用法如下：

```
var prefs = await SharedPreferences.getInstance();
prefs.remove(key);
```

8.4 SQLite 存储数据

当 App 需要在本地保存和查询大量数据时不再使用 shared_preferences，而是使用数据库，数据库可以使我们更快地保存、更新和查询数据。Flutter 使用 SQLite 数据库。下面介绍 SQLite 数据库的基本操作。

1）使用 SQLite 数据库需要添加 sqflite 依赖：

```
dependencies:
  sqflite: ^1.1.0
```

2）定义一个 User 类，对应数据库的数据结构，代码如下：

```
class User {
  User(this.id, this.name, this.age);

  final int id;
  final String name;
  final int age;
```

```
  toMap() {
    return {'id': this.id, 'name': this.name, 'age': this.age};
  }
}
```

3）所有的数据库操作都需要在打开数据库连接之后进行，下面是打开数据库连接的方法：

```
Future<Database> _db =
    openDatabase('user.db', version: 1, onCreate: (Database db, int version) {
  // 创建表，分 3 列，分别为 id、name、age，id 是主键
  db.execute(
      'CREATE TABLE User (id INTEGER PRIMARY KEY, name TEXT, age INTEGER)');
});
```

当数据库第一次创建的时候会创建 User 表。

4）向 User 表中插入数据，代码如下：

```
insert(User user) async {
    var db = await _db;
    var result = await db.insert(_table, user.toMap());
    Scaffold.of(context).showSnackBar(SnackBar(content: Text(' 保存成功, $result')));
  }
```

5）查询 User 表中所有数据，代码如下：

```
var db = await _db;
var list = await db.query(_table);
```

根据 id 查询匹配的数据，代码如下：

```
var db = await _db;
var list = await db.query(_table, where: 'id=?', whereArgs: [id]);
```

6）根据 id 更新 User 表中匹配的数据，代码如下：

```
var db = await _db;
var result = await db.update(_table, user.toMap(), where: 'id=?',
whereArgs: [user.id]);
```

7）根据 id 删除 User 表中匹配的数据，代码如下：

```
var db = await _db;
var result = await db.delete(_table, where: 'id=?', whereArgs: [id]);
```

下面是一个简单的 SQLite 数据库例子，顶部是一个表单，用户可以输入 id、name、age 属性，点击提交、查询、查询全部、更新、删除按钮进行数据相关操作。

创建一个页面，包含提交、查询、查询全部、更新、删除按钮及姓名、年龄、性别输入框，代码如下：

```
Form(
        child: Column(
          children: <Widget>[
            TextField(
              decoration: InputDecoration(hintText: 'id'),
              onChanged: (value) {
                setState(() {
                  _id = value;
                });
              },
            ),
            TextField(
              decoration: InputDecoration(hintText: 'name'),
              onChanged: (value) {
                setState(() {
                  _name = value;
                });
              },
            ),
            TextField(
              decoration: InputDecoration(hintText: 'age'),
              onChanged: (value) {
                setState(() {
                  _age = value;
                });
              },
            ),
            Wrap(
              children: <Widget>[
                RaisedButton(
                  child: Text(' 提交 '),
                  onPressed: () {
                    var user = User(int.parse(_id), _name, int.parse(_age));
                    insert(user);
```

```
      },
    ),
    RaisedButton(
      child: Text(' 查询全部 '),
      onPressed: () {
        query();
      },
    ),
    RaisedButton(
      child: Text(' 查询 '),
      onPressed: () {
        int id = int.parse(_id);
        queryById(id);
      },
    ),
    RaisedButton(
      child: Text(' 更新 '),
      onPressed: () {
        update(User(int.parse(_id), _name, int.parse(_age)));
      },
    ),
    RaisedButton(
      child: Text(' 删除 '),
      onPressed: () {
        int id = int.parse(_id);
        deleteById(id);
      },
    ),
  ],
),
],
),
),
),
```

创建一个 ListView 显示数据，代码如下：

```
Flexible(
    child: ListView.builder(
      itemBuilder: (context, index) {
        return Container(
          height: 50,
          child: Row(
            mainAxisAlignment: MainAxisAlignment.spaceAround,
            children: <Widget>[
              Text('id:${_list[index].id}'),
```

```
                          Text('name:${_list[index].name}'),
                          Text('age:${_list[index].age}'),
                        ],
                      ),
                    );
                  },
                  itemCount: _list.length,
                ),
              )
```

初始化 SQLite 数据库及增删改查方法，代码如下：

```
final String _table = 'User';
  Future<Database> _db =
      openDatabase('user.db', version: 1, onCreate: (Database db, int
      version) {
    // 创建表，分 3 列，分别是 id、name、age，id 是主键
    db.execute(
        'CREATE TABLE User (id INTEGER PRIMARY KEY, name TEXT, age
        INTEGER)');
  });

  ///
  /// 保存数据
  ///
  insert(User user) async {
    var db = await _db;
    var result = await db.insert(_table, user.toMap());
    Scaffold.of(context).showSnackBar(SnackBar(content: Text('保存成功,
    $result')));
  }

  ///
  /// 查询全部数据
  ///
  query() async {
    var db = await _db;
    var list = await db.query(_table);
    _list.clear();
    list.forEach((map) {
      _list.add(User(map['id'], map['name'], map['age']));
    });
    setState(() {});
  }
```

```
///
/// 查询全部数据
///
queryById(int id) async {
  var db = await _db;
  var list = await db.query(_table, where: 'id=?', whereArgs: [id]);
  _list.clear();
  list.forEach((map) {
    _list.add(User(map['id'], map['name'], map['age']));
  });
  setState(() {});
}


///
/// 更新
///
update(User user) async {
  var db = await _db;
  var result = await db.update(_table, user.toMap(), where: 'id=?',
  whereArgs: [user.id]);
  Scaffold.of(context).showSnackBar(SnackBar(content: Text('更新成功,
  $result')));
}


///
/// 删除数据
///
deleteById(int id) async {
  var db = await _db;
  var result = await db.delete(_table, where: 'id=?', whereArgs: [id]);
  Scaffold.of(context).showSnackBar(SnackBar(content: Text('删除成功,
  $result')));
}
```

效果如图 8-1 所示。

8.5 本章小结

本章详细介绍了如何使用 Navigator 来管理路由，路由相关知识是非常重要的，任何项目都需要使用路由。数据存储同样相当重要，存储基础数据和缓存数据使应用程序更加人性化，用户体验会更好。

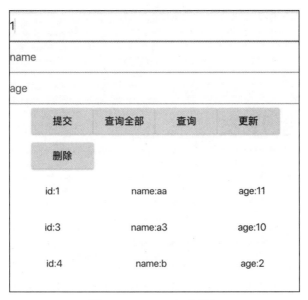

图 8-1　SQLite 相关操作

第 9 章

混 合 开 发

Flutter 的版本更新非常快，导致网上有各种各样的混合开发方式，本章将介绍 Flutter 1.12.13+hotfix.6 版本官方推荐的向原生（Android、iOS）应用中引入 Flutter 模块 的方法。如果你的 Flutter 版本比较低，请升级至 1.12.13+hotfix.6 版本。

通过本章，你将学习如下内容：

- Android 与 Flutter 混合开发
- iOS 与 Flutter 混合开发

9.1 Android 与 Flutter 混合开发

9.1.1 Android 原生项目引入 Flutter

Flutter 可以以源代码或 AAR 的方式嵌入 Android 原生项目中，集成流程可以使用 Android Studio IDE 完成，也可以手动完成。

注意　Flutter AOT 编译模式目前只支持 armeabi-v7a 和 arm64-v8a，原有的 Android 项 目可能支持 mip 或者 x86/x86_64，所以需要在 Android 项目的 app/build.gradle 配置中加入如下限制，否则运行时会因找不到 libflutter.so 而崩溃：

```
android {
```

```
//...
defaultConfig {
  ndk {
    // Filter for architectures supported by Flutter.
    abiFilters 'armeabi-v7a', 'arm64-v8a'
  }
}
}
```

使用 Android Studio 添加 Flutter 模块时，对版本的要求是 Android Studio 3.5 及以上，Flutter IntelliJ plugin 42 及以上。在 Android 原生项目中点击 "File → New → New Module…"，新建 Flutter 模块，如图 9-1 所示。

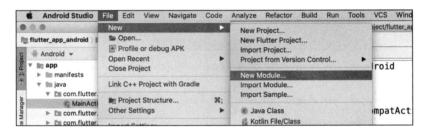

图 9-1　新建 Flutter 模块

在弹出的选择 Module 类型的对话框中选中 Flutter Module，然后点击 Next 按钮，如图 9-2 所示。

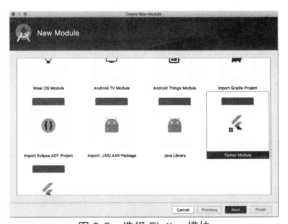

图 9-2　选择 Flutter 模块

设置 Flutter Module 的包名，如图 9-3 所示。

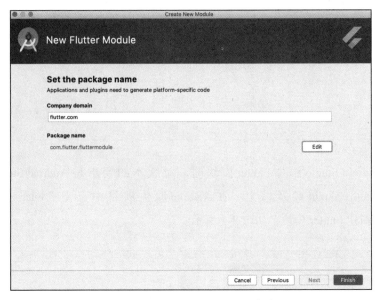

图 9-3 设置 Flutter Module 包名

编译完成后，在当前 App 目录下将生成 Flutter Module 的代码，目录结构如图 9-4 所示。

图 9-4 Flutter Module 的目录结构

9.1.2 添加 Flutter 到 Activity

将 Flutter 页面添加到 Activity，分为 3 个步骤。

步骤 1 在 AndroidManifest.xml 中注册 FlutterActivity，设置如下：

```
<activity
    android:name="io.flutter.embedding.android.FlutterActivity"
    android:configChanges="orientation|keyboardHidden|keyboard|scre
    enSize|locale|layoutDirection|fontScale|screenLayout|density|uiMode"
    android:hardwareAccelerated="true"
    android:windowSoftInputMode="adjustResize"
    />
```

步骤 2 启动 FlutterActivity，给 Button 添加点击事件，点击后跳转到 FlutterActivity，Kotlin 代码如下：

```
btn_to_flutter_activity.setOnClickListener {
        startActivity(FlutterActivity.createDefaultIntent(this))
    }
```

注 FlutterActivity 的包名是 io.flutter.embedding.android.FlutterActivity。

FlutterActivity 将加载 Flutter Module 中 lib/main.dart 的 main 方法，如果有多个 Flutter 页面，则需要跳转的时候指定路由，Kotlin 代码如下：

```
btn_to_flutter_activity.setOnClickListener {
        startActivity(
            FlutterActivity
                .withNewEngine()
                .initialRoute("page_1")
                .build(this)
        )
    }
```

此时，将加载名为"page_1"的路由，Flutter Module 中需要使用命名路由，lib/main.dart 代码修改如下：

```
class MyApp extends StatelessWidget {
  @override
```

```
  Widget build(BuildContext context) {
    return MaterialApp(
      title: 'Flutter Demo',
      theme: ThemeData(
        primarySwatch: Colors.blue,
      ),
      routes: {
        'home': (context) {
          return MyHomePage();
        },
        'page_1': (context) {
          return Page1();
        }
      },
      home: MyHomePage(title: 'Flutter Demo Home Page'),
    );
  }
}
```

Page1 是新建的页面，显示"page_1"文字，代码如下：

```
class Page1 extends StatelessWidget {
  @override
  Widget build(BuildContext context) {
    return Center(
      child: Text('page_1'),
    );
  }
}
```

步骤 3 使用缓存启动 Flutter 页面。在跳转 Flutter 页面的时候，我们明显感觉到较长时间的黑屏。为减少黑屏时间，可以使用缓存机制，在 Application 类中添加缓存，代码如下：

```
class MyApplication : Application() {
  lateinit var flutterEngine : FlutterEngine

  override fun onCreate() {
    super.onCreate()
    flutterEngine = FlutterEngine(this)
    flutterEngine.dartExecutor.executeDartEntrypoint(
      DartExecutor.DartEntrypoint.createDefault()
    )
```

```
FlutterEngineCache
    .getInstance()
    .put("engine_id", flutterEngine)
  }
}
```

跳转时使用缓存，代码如下：

```
startActivity(
            FlutterActivity
                .withCachedEngine("engine_id")
                .build(this)
          )
```

9.1.3 添加 Flutter 到 Fragment

将 Fragment 添加到 Activity 中，代码如下：

```
class MyActivity : FragmentActivity() {
  companion object {
    private const val TAG_FLUTTER_FRAGMENT = "flutter_fragment"
  }

  private var flutterFragment: FlutterFragment? = null

  override fun onCreate(savedInstanceState: Bundle?) {
    super.onCreate(savedInstanceState)
    setContentView(R.layout.my_activity_layout)
    val fragmentManager: FragmentManager = supportFragmentManager
    flutterFragment = fragmentManager
      .findFragmentByTag(TAG_FLUTTER_FRAGMENT) as FlutterFragment?
    if (flutterFragment == null) {
      var newFlutterFragment = FlutterFragment.createDefault()
      flutterFragment = newFlutterFragment
      fragmentManager
        .beginTransaction()
        .add(
          R.id.fragment_container,
          newFlutterFragment,
          TAG_FLUTTER_FRAGMENT
        )
        .commit()
    }
  }
}
```

FlutterFragment.createDefault() 生 成 FlutterFragment，FlutterFragment 可 以 作 为 正常的 Fragment 使用。FlutterFragment 同样可以使用缓存。创建 FlutterEngineCache 同 Activity 中一样，使用方法如下：

```
FlutterFragment.withCachedEngine("engine_id").build(this)
```

运行指定路由方法同 Activity 类似，代码如下：

```
val flutterFragment = FlutterFragment.withNewEngine()
    .initialRoute("home")
.build()
```

9.1.4　Flutter 与 Android 通信

Flutter 是无法获取电池电量、设备参数等信息的，我们需要通过原生代码去获取这些信息。Flutter 与 Android 原生通信是通过 MethodChannel 相互回调实现的。原生端实现代码如下：

```
public class ChannelActivity extends FlutterActivity {
    @Override
    protected void onCreate(Bundle savedInstanceState) {
        super.onCreate(savedInstanceState);
        MethodChannel methodChannel = new MethodChannel(getFlutterView(),
        "channel_name");
        // 与 Flutter 通信
        methodChannel.setMethodCallHandler(new MethodChannel.
        MethodCallHandler() {
            @Override
            public void onMethodCall(MethodCall call, MethodChannel.Result
            result) {
                if (call.method.equals("method_name")) {
                    result.success(call.method); // 返回两个数相加后的值
                }
            }
        });

    }
}
```

channel_name 要保持唯一性，Flutter 端也将创建一个相同名称的 MethodChannel 与之通信。

Flutter 与原生通信的时候将回调 onMethodCall 方法，onMethodCall 可以获取方法名称和参数，代码如下：

```
if (call.method.equals("method_name")) {
            if (call.hasArgument("name")) {
                String name = call.argument("name");
            }
            result.success(call.method);
        }
```

result 返回 Flutter 的结果，包含成功回调、错误回调或者不执行，用法如下：

```
result.success(call.method);
result.error("error_code","error_msg","错误详细信息");
result.notImplemented();
```

在 Flutter 端创建 MethodChannel，代码如下：

```
class ChannelDemo {
  static final MethodChannel _channel = MethodChannel('channel_name');

}
```

调用原生方法如下：

```
class ChannelDemo {
  static final MethodChannel _channel = MethodChannel('channel_name');

  static test() async {
    var arguments = {'name': 'flutter', 'age': 16};
    var result = await _channel.invokeMethod('methond_name', arguments);
    print('$result');
  }
}
```

代码向原生端传递了参数，MethodChannel 的通信都是异步的，要使用 async/await。

9.2　iOS 与 Flutter 混合开发

在使用 Flutter 开发 iOS 应用程序时，如果想访问 iOS 手机的硬件功能，比如相机、蓝牙、传感器等，需要与原生的 iOS 开发进行交互，下面介绍如何在 iOS 原生程序中引入 Flutter 项目，以及 Flutter 项目与 iOS 如何通信。

9.2.1 iOS 原生项目引入 Flutter

在 iOS 项目中引入 Flutter Module 需要安装 Xcode，且版本要求为 iOS 8 及以上。具体步骤如下。

步骤 1 创建 Flutter Module。在命令行中执行如下代码：

```
cd some/path/
flutter create --template module my_flutter
```

执行完毕后，Flutter Module 将创建在 some/path/my_flutter 目录下。目录结构如图 9-5 所示。

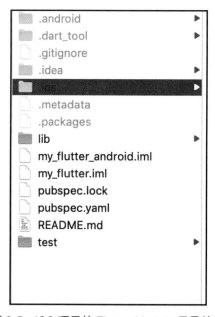

图 9-5 iOS 项目的 Flutter Module 目录结构

.ios 是隐藏目录，可以单独运行 Flutter Module，测试此模块的功能。

步骤 2 集成 Flutter Module 到现有应用。将现有 App 和 Flutter Module 放到同级目录下，如图 9-6 所示。

```
some/path/
├──── my_flutter/
|     └──── .ios/
|            └──── Flutter/
|                   └──── podhelper.rb
└──── MyApp/
       └──── Podfile
```

图 9-6 Flutter Module 和 App 目录结构

在 Podfile 中添加如下代码：

```
flutter_application_path = '../my_flutter'
 load File.join(flutter_application_path, '.ios', 'Flutter', 'podhelper.rb')
```

运行 pod install 即可。

9.2.2 Flutter 与 iOS 通信

Flutter 与 iOS 的通信与 Android 基本相同，也是通过 MethodChannel 回调实现，iOS 代码如下：

```objc
@implementation MethodChannelPlugin {
}
+ (void)registerWithRegistrar:(NSObject<FlutterPluginRegistrar>*)registrar {
    FlutterMethodChannel* channel = [FlutterMethodChannel
      methodChannelWithName:@"method_name"
            binaryMessenger:[registrar messenger]];
    MethodChannelPlugin* instance = [[MethodChannelPlugin alloc] init];
    [instance registerNotification];
    [registrar addMethodCallDelegate:instance channel:channel];
}

- (void)handleMethodCall:(FlutterMethodCall*)call result:(FlutterResult)
result {
    if ([@"method_name" isEqualToString:call.method]) {
        NSDictionary *arg = call.arguments;
        NSString *name = arg[@"name"];
        result("");
    } else {
        result(FlutterMethodNotImplemented);
    }
}
```

通信中重要的函数说明如下。

- call.method：获取方法名称。
- call.arguments：获取参数。
- result：返回结果。

Flutter 端方法如下：

```
class ChannelDemo {
  static final MethodChannel _channel = MethodChannel('channel_name');

  static test() async {
    var arguments = {'name': 'flutter', 'age': 16};
    var result = await _channel.invokeMethod('methond_name', arguments);
    print('$result');
  }
}
```

9.3 本章小结

本章介绍了 Flutter 与 Android、iOS 混合开发，在实际项目中混合开发才是主流，一些功能模块使用 Flutter 实现并集成到现有的项目中。Flutter 与 Android、iOS 混合开发系统帮我们完成了很多工作，在集成的时候相对简单。

第 10 章

国 际 化

国际化是指应用程序提供不同语言的能力，可使不同区域的用户使用自己所在区域的语言。在编写应用程序时需要支持多种语言，设置本地化的一些值，如文本的布局，大多数情况下是从左往右的，但在阿拉伯地区，文本布局是从右往左的。Flutter 库本身也支持国际化。

通过本章，你将学习如下内容：

- 开发的 App 支持国际化
- 监听系统语言切换
- 开发的 UI 支持国际化
- 使用 Intl

10.1 开发的 App 支持国际化

默认情况下，Flutter 仅支持美国英语本地化，如果想要添加其他语言支持，则需要指定其他 MaterialApp 属性，并引入 flutter_localizations 包。截至 2019 年 4 月，flutter_localizations 包已经支持 52 种语言。如果你想让应用在 iOS 上顺利运行，那么还必须添加 "flutter_cupertino_localizations" 包。

在 pubspec.yaml 文件中添加包依赖，代码如下：

```
dependencies:
```

```
flutter:
  sdk: flutter
flutter_localizations:
  sdk: flutter
flutter_cupertino_localizations: ^1.0.1
```

然后，引入 flutter_localizations 并为 MaterialApp 指定 localizationsDelegates 和 supported-Locales，代码如下：

```
MaterialApp(
    localizationsDelegates: [
      GlobalMaterialLocalizations.delegate,
      GlobalWidgetsLocalizations.delegate,
      GlobalCupertinoLocalizations.delegate
    ],
    supportedLocales: [
      Locale('zh'),
      Locale('en'),
    ],
)
```

其中，localizationsDelegates 是生成本地化值的集合；GlobalMaterialLocalizations.delegate 为 Material 组件库提供了本地化的字符串和其他值；GlobalWidgetsLocalizations.delegate 定义了 Widget 默认的文本方向，即从左到右或从右到左；Global CupertinoLocalizations.delegate 为 Cupertino 库提供了本地化的字符串和其他值；supported Locales 是支持本地化区域的集合；Locale 类用来标识用户的语言环境，移动设备支持通过系统菜单设置区域，例如，用户的区域设置由中文变为英语时，中文文本"你好"将会变为"Hello"。可以通过如下方法获取当前区域设置：

```
Locale myLocale = Localizations.localeOf(context);
```

10.2　监听系统语言切换

当我们更改系统语言设置时，Localizations 组件将会重新构建，而用户只看到了语言的切换，这个过程是系统完成的，代码并不需要主动去监听语言切换，但如果想监听语言切换，可以通过 localeResolutionCallback 或 localeListResolutionCallback 回调实现。通常情况下，使用 localeListResolutionCallback，localeListResolutionCallback 有两个参数：List<Locale> locales 和 Iterable<Locale> supportedLocales。在较新的 Android 系统

中，我们可以设置语言列表，用 List<Locale> locales 表示语言列表，如图 10-1 所示。

图 10-1　语言列表

supportedLocales 为 当 前 应 用 支 持 的 locale 列 表， 在 MaterialApp 中 设 置 supportedLocales 的 值。localeListResolutionCallback 返 回 一 个 Locale， 此 Locale 表 示最终使用的 Locale。一般情况下，当 App 不支持当前语言时会返回一个默认值。localeListResolutionCallback 的用法如下：

```
MaterialApp(
    supportedLocales: [
      Locale('zh'),
      Locale('en'),
    ],
    localeListResolutionCallback: (List<Locale> locales,
    Iterable<Locale> supportLocales){
      print('locales:$locales');
      print('supportLocales:$supportLocales');
    },
)
```

输出如下：

```
locales:[zh_Hans_CN, ja_JP, en_GB]
supportLocales:[zh, en]
```

10.3 开发的 UI 支持国际化

上面讲了 Material 组件库如何支持国际化，想要让我们开发的 UI 实现国际化需要实现两个类：Localizations 和 Delegate。

Localizations 类的实现如下：

```
class SimpleLocalizations {
  SimpleLocalizations(this._locale);

  final Locale _locale;

  static SimpleLocalizations of(BuildContext context) {
    return Localizations.of<SimpleLocalizations>(context,
    SimpleLocalizations);
  }

  Map<String, Map<String, String>> _localizedValues = {
    'zh': valuesZHCN,
    'en': valuesEN
  };

  Map<String, String> get values {
    if (_locale == null) {
      return _localizedValues['zh'];
    }
    return _localizedValues[_locale.languageCode];
  }

  static const LocalizationsDelegate<SimpleLocalizations> delegate =
      _SimpleLocalizationsDelegate();

  static Future<SimpleLocalizations> load(Locale locale) {
    return SynchronousFuture<SimpleLocalizations>(SimpleLocalizations(locale));
  }
}
```

其中，valuesZHCN 和 valuesEN 分别是中文文案和英文文案。中文文案如下：

```
var valuesZHCN = {
  LocalizationsKey.appName:'应用名称',
  LocalizationsKey.title:'标题'
};
```

英文方案如下：

```
var valuesEN = {
  LocalizationsKey.appName:'App Name',
  LocalizationsKey.title:'Title'
};
```

valuesZHCN 和 valuesEN 是 Map，定义了相应的 key 和 value。为了更好地管理以及方便使用，将 key 统一定义，定义如下：

```
class LocalizationsKey{
  static const appName = "app_name";
  static const title = "title";
}
```

Delegate 的实现如下：

```
class _SimpleLocalizationsDelegate
    extends LocalizationsDelegate<SimpleLocalizations> {
  const _SimpleLocalizationsDelegate();

  @override
  bool isSupported(Locale locale) => true;

  @override
  Future<SimpleLocalizations> load(Locale locale) =>
      SimpleLocalizations.load(locale);

  @override
  bool shouldReload(LocalizationsDelegate<SimpleLocalizations> old) =>
  false;
}
```

其中的方法说明如下。

- isSupported：是否支持某个 Locale，正常情况下直接返回 true。
- load：加载相应的 Locale 资源类。
- shouldReload：返回值决定当 Localizations 组件重新构建时，是否调用 load 方法重新加载 Locale 资源，通常情况下不需要，因此返回 false 即可。

实现 Localizations 和 Delegate 后，在 MaterialApp 中注册 Delegate，代码如下：

```
MaterialApp(
     localizationsDelegates: [
       GlobalMaterialLocalizations.delegate,
       GlobalWidgetsLocalizations.delegate,
       GlobalCupertinoLocalizations.delegate,
       SimpleLocalizations.delegate,
     ],
)
```

在组件中使用国际化的值，代码如下：

```
class LocalizationsDemo extends StatelessWidget {
  @override
  Widget build(BuildContext context) {
    return Center(
      child: Text(
         '当前 app_name 国际化值:
${SimpleLocalizations.of(context).values[LocalizationsKey.appName]}'),
    );
  }
}
```

中文效果如图 10-2 所示。

当前app_name国际化值：应用名称

图 10-2　中文效果

英文效果如图 10-3 所示。

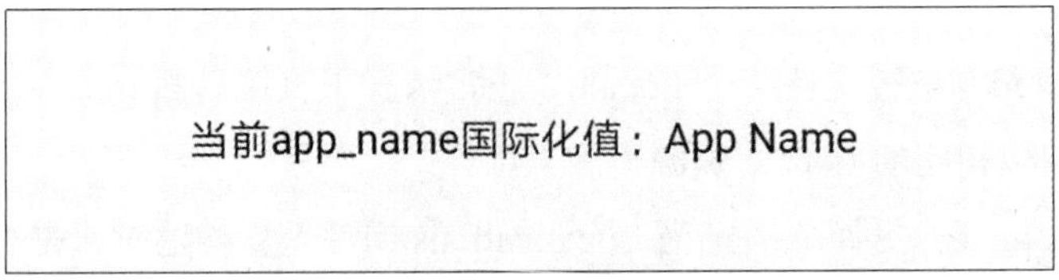

当前app_name国际化值：App Name

图 10-3　英文效果

上面的示例说明了应用程序如何实现国际化，但这个示例有一个缺陷，就是开发者

需要知道不同国家 / 地区的语言码和地区码，世界上有那么多国家，而且同一个国家不同地区的语言也可能是不同的，比如中国就有中文简体、繁体。开发者很难记住这些语言码和地区码，那么是否可以简化这部分？答案是可以，使用 Intl 就可以简化此流程。

10.4　使用 Intl

Intl 包可以让开发者非常轻松地实现国际化，并能将文本分离为单独的文件，方便开发人员开发。使用 Intl 需要在 pubspec.yaml 文件中添加如下包依赖：

```
dependencies:
  intl: ^0.16.0
dev_dependencies:
  intl_translation: ^0.17.3
```

在 lib 下创建 locations/intl_messages 目录，存放 Intl 相关文件，实现 Localizations 和 Delegate 类，与 10.3 节类似，Localizations 的实现如下：

```
class IntlLocalizations {
  IntlLocalizations();


  static IntlLocalizations of(BuildContext context) {
    return Localizations.of<IntlLocalizations>(context,
    IntlLocalizations);
  }


  String get appName {
    return Intl.message('app_name');
  }


  static const LocalizationsDelegate<IntlLocalizations> delegate =
  _IntlLocalizationsDelegate();

  static Future<IntlLocalizations> load(Locale locale) async{
    final String localeName = Intl.canonicalizedLocale(locale.toString());
    await initializeMessages(localeName);
    Intl.defaultLocale = localeName;
    return IntlLocalizations();
  }
}
```

和 10.3 节唯一的区别是，这里使用 Intl.message 获取文本值。Delegate 的实现如下：

```
class _IntlLocalizationsDelegate
    extends LocalizationsDelegate<IntlLocalizations> {
  const _IntlLocalizationsDelegate();

  @override
  bool isSupported(Locale locale) => true;

  @override
  Future<IntlLocalizations> load(Locale locale) =>
      IntlLocalizations.load(locale);

  @override
  bool shouldReload(LocalizationsDelegate<IntlLocalizations> old) => false;
}
```

通过 intl_translation 工具生成 arb 文件。arb 是标准文件，其规范可自行查询百度了解。命令如下：

```
flutter pub run intl_translation:extract_to_arb --output-dir=lib/locations/
intl_messages lib/locations/intl_messages/intl_localizations.dart
```

其中，lib/locations/intl_messages 是开始创建的目录；intl_localizations.dart 是 Localizations 的实现文件。成功后在 lib/locations/intl_messages 目录中生成 intl_messages.arb 文件，文件内容如下：

```
{
  "@@last_modified": "2020-01-07T20:06:52.143922",
  "app_name": " 默认值 ",
  "@app_name": {
    "type": "text",
    "placeholders": {}
  }
}
```

如果想添加英文支持，那么复制当前文件并修改名称为 intl_en_US.arb，内容如下：

```
{
  "@@last_modified": "2020-01-07T20:06:52.143922",
  "app_name": "en_US",
  "@app_name": {
    "type": "text",
```

```
    "placeholders": {}
  }
}
```

支持其他语言的方法与此类似。

通过 intl_translation 工具将 arb 文件生成 dart 文件，命令如下：

```
flutter pub run intl_translation:generate_from_arb --output-dir=lib/
locations/intl_messages --no-use-deferred-loading lib/locations/intl_
messages/intl_localizations.dart lib/locations/intl_messages/intl_*.arb
```

此时，会在 intl_messages 目录下生成多个以 message 开头的文件，效果如图 10-4 所示。

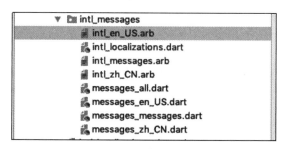

图 10-4　arb 生成 dart 文件

每一个 arb 文件对应一个 dart 文件，在 MaterialApp 下添加当前 Localizations 的支持，代码如下：

```
MaterialApp(
    ...
    localizationsDelegates: [
      ...
      IntlLocalizations.delegate,
    ],
)
```

使用方式和正常的 Localizations 一样，代码如下：

```
class IntlLocalizationsDemo extends StatelessWidget {
  @override
  Widget build(BuildContext context) {
    return Center(
      child: Text(
```

```
            'intl app_name: ${IntlLocalizations.of(context).appName}'),
        );
    }
}
```

中文环境下运行效果如图 10-5 所示。

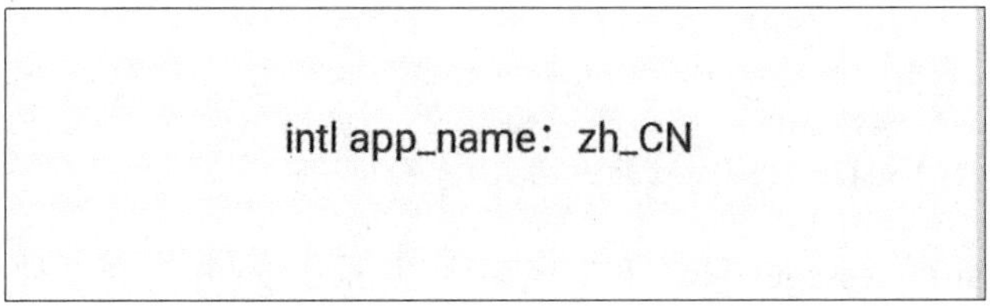

intl app_name: zh_CN

图 10-5　Intl 效果

10.5　本章小结

本章介绍了如何实现应用程序的国际化。Intl 是第三方插件，可帮助开发者快速实现应用程序的国际化。目前来看，Intl 的实现过程比较复杂，需要 dart 转 arb，然后 arb 再转 dart。至此，Flutter 的基础知识已经介绍完毕，下一章我们将会用一个实际项目把本书的知识点贯穿起来，多动手实践才会快速入门。

第 11 章

项目实战：新闻客户端

本章将以一个完整的项目为例，帮助读者理解 Flutter 应用开发的流程，同时也是对前面所学内容的应用。本章项目"新闻客户端"将实现如下功能：

- 底部导航功能
- 轮播热门事件功能
- 搜索页面
- 设置页面
- 新闻分类
- 新闻列表及详情

11.1 应用简介

"新闻客户端"项目是一个以浏览新闻为主的 App，涉及的相关技术点如下：

- 导航及路由相关技术，跳转页面。
- 平移动画实现轮播功能。
- ListView、GridView 等列表数据。
- TabView 新闻分类。
- 全局状态管理，如主题等。
- 加载 HTML5，显示网页。

下面先来看一下主要界面效果，首页效果如图 11-1 所示。

图 11-1 "新闻客户端"首页效果

新闻详情页面效果图 11-2 所示。

图 11-2 新闻详情效果

搜索页面如图 11-3 所示。

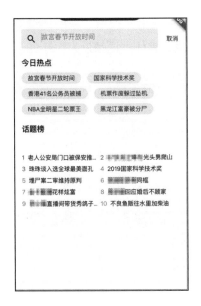

图 11-3　搜索页面效果

设置页面如图 11-4 所示。

图 11-4　设置页面效果

11.2　整体框架及导航

整体框架由底部 4 个 Tab 切换以及搜索、新闻详情等相关页面组成，底部有 4 个 Tab 按钮，可以切换到相关页面，整体主题颜色为深红色，入口 main 函数代码如下：

```
void main() => runApp(NewsMain());
```

NewsMain 代码如下：

```
class NewsMain extends StatelessWidget {
  @override
  Widget build(BuildContext context) {
    return MaterialApp(
      theme: ThemeData(
        primaryColor: Color(0xFFB90A1B),
      ),
      home: NavigatorMain(),
    );
  }
}
```

设置主题颜色为 0xFFB90A1B，NavigatorMain 代码如下：

```
class NavigatorMain extends StatefulWidget {
  @override
  State<StatefulWidget> createState() => _NavigatorMainState();
}

class _NavigatorMainState extends State<NavigatorMain> {
  int _navigationIndex = 0;
  List<Widget> widgets = [Home(), Home(), Home(), MyHome()];

  @override
  Widget build(BuildContext context) {
    var primaryColor = Theme.of(context).primaryColor;
    var body = widgets[_navigationIndex];
    var appBar = _navigationIndex != 3?AppBar(
      title: SearchInput(),
      actions: <Widget>[
        AppBarActionsPublish(),
        SizedBox(width: 15),
      ],
    ):null;
```

```
  return Scaffold(
    appBar: appBar,
    body: body,
    bottomNavigationBar: BottomNavigationBar(
      currentIndex: _navigationIndex,
      onTap: (index) {
        setState(() {
          _navigationIndex = index;
        });
      },
      type: BottomNavigationBarType.fixed,
      unselectedItemColor: Colors.grey,
      selectedItemColor: primaryColor,
      items: <BottomNavigationBarItem>[
        BottomNavigationBarItem(
          icon: Icon(Icons.home),
          title: Text('首页'),
          activeIcon: Icon(Icons.home),
        ),
        BottomNavigationBarItem(
          icon: Icon(Icons.video_library),
          title: Text('视频'),
          activeIcon: Icon(Icons.video_library),
        ),
        BottomNavigationBarItem(
          icon: Icon(Icons.play_circle_outline),
          title: Text('小视频'),
          activeIcon: Icon(Icons.play_circle_outline),
        ),
        BottomNavigationBarItem(
          icon: Icon(Icons.account_circle),
          title: Text('未登录'),
          activeIcon: Icon(Icons.account_circle),
        ),
      ],
    ),
  );
}
```

　　AppBar 属性第 8 章介绍过，bottomNavigationBar 表示底部 4 个 Tab 导航，点击其中一个 Tab 时，当前的 Tab 变为主题色。body 属性表示中间展示的页面，点击 Tab 切换到相关 Tab 的控件，底部导航效果如图 11-5 所示。

图 11-5　底部导航效果

11.3　轮播热门事件

轮播热门事件的效果是：当前事件从上面滑出，新的事件从下面滑入，达到滑动的效果。此效果是通过对两个事件顺序执行不同的动画而实现的——出场动画和入场动画，出场动画执行完毕后执行入场动画，出/入场动画代码如下：

```
_animationController =
      AnimationController(duration: Duration(milliseconds: 800), vsync: this)
    ..addListener(() {
      setState(() {});
    })
    ..addStatusListener((status) {
      if (status == AnimationStatus.completed) {
        // 执行结束后 5 秒在此执行
        Future.delayed(Duration(seconds: 5), () {
          _currentIndex++;
          _animationController.reset();
          _animationController.forward();
        });
      }
    });
_outAnimation = Tween<Offset>(begin: Offset(0, 0), end: Offset(0, -40))
    .animate(CurvedAnimation(
        parent: _animationController, curve: Interval(0, 0.5)));
_inAnimation = Tween<Offset>(begin: Offset(0, 40), end: Offset(0, 0))
    .animate(CurvedAnimation(
        parent: _animationController, curve: Interval(0.5, 1)));
Future.delayed(Duration(seconds: 5), () {
  _animationController.forward();
});
```

外面包裹类似于输入框的效果，但实际仅仅是一个边框效果，点击跳转到真正的搜索页面，边框效果代码如下：

```
Container(
```

```
            height: 40,
        decoration: BoxDecoration(
            color: Colors.white,
            borderRadius: BorderRadius.all(Radius.circular(5)))
)
```

整体代码如下：

```
import 'package:flutter/material.dart';
import 'package:flutter_app/news/pages/search/search_home.dart';


///
/// des: 顶部的搜索框
///
class SearchInput extends StatefulWidget {
    /// 输入框内滚动内容
    List<String> titles = [
        '浓眉哥拒绝湖人续约 | 武汉通报肺炎事件',
        '伊朗或有第三轮袭击 | 大众 cc 老款图片',
        '苹果呼吸灯怎么设置 | 红旗 H9 全球首秀',
        '武汉肺炎事件后续 | 沃尔沃 xc70 图片',
        '北京户口申请条件 | 红旗 H9 汽车',
        '武汉新型冠状病毒 | 马刺'
    ];


    @override
    State<StatefulWidget> createState() => _SearchInputState();
}


class _SearchInputState extends State<SearchInput>
    with SingleTickerProviderStateMixin {
    /// 当前滚动内容的索引
    int _currentIndex = 0;


    /// animation controller
    AnimationController _animationController;
    var _outAnimation;
    var _inAnimation;


    @override
    void initState() {
        super.initState();
        _animationController =
            AnimationController(duration: Duration(milliseconds: 800), vsync:
            this)
```

```
        ..addListener(() {
          setState(() {});
        })
        ..addStatusListener((status) {
          if (status == AnimationStatus.completed) {
            // 执行结束后 5 秒在此执行
            Future.delayed(Duration(seconds: 5), () {
              _currentIndex++;
              _animationController.reset();
              _animationController.forward();
            });
          }
        });
    _outAnimation = Tween<Offset>(begin: Offset(0, 0), end: Offset(0, -40))
        .animate(CurvedAnimation(
            parent: _animationController, curve: Interval(0, 0.5)));
    _inAnimation = Tween<Offset>(begin: Offset(0, 40), end: Offset(0, 0))
        .animate(CurvedAnimation(
            parent: _animationController, curve: Interval(0.5, 1)));
    Future.delayed(Duration(seconds: 5), () {
      _animationController.forward();
    });
}

@override
Widget build(BuildContext context) {
  return _buildClick();
}
_buildClick(){
  return GestureDetector(
    onTap: (){
      Navigator.of(context).push(MaterialPageRoute(builder: (context){
        return SearchHome();
      }));
    },
    child:_build() ,
  );
}
_build(){
  return Container(
    height: 40,
    decoration: BoxDecoration(
        color: Colors.white,
        borderRadius: BorderRadius.all(Radius.circular(5))),
    child: Row(
```

```
        children: <Widget>[
          SizedBox(
            width: 5,
          ),
          Icon(
            Icons.search,
            color: Colors.grey,
            size: 20,
          ),
          Flexible(
            child: _buildOutTitle(),
          ),
          SizedBox(
            width: 15,
          ),
        ],
      ),
    );
}
///
/// 出场动画
///
Widget _buildOutTitle() {
  return Stack(
    children: <Widget>[
      _buildText(
          widget.titles[_currentIndex % widget.titles.length], _
          outAnimation),
      _buildText(widget.titles[(_currentIndex + 1) % widget.titles.
      length],
          _inAnimation),
    ],
  );
}


///
/// 构建 title
///
_buildText(String title, Animation<Offset> animation) {
  return Transform.translate(
    offset: animation.value,
    child: Text(
      title,
      style: TextStyle(
          color: Colors.black, fontSize: 16, fontWeight: FontWeight.normal),
```

```
        maxLines: 1,
        overflow: TextOverflow.ellipsis,
      ),
    );
  }
  @override
  void dispose() {
    // TODO: implement dispose
    super.dispose();
    _animationController.dispose();
  }
}
```

轮播热门事件效果如图 11-6 所示。

图 11-6　轮播热门事件效果

11.4　搜索页面

搜索页面整体分为 3 部分：

- 搜索输入框及取消按钮。
- 今日热点。
- 话题榜。

搜索输入框默认显示今日搜索热点，背景为浅灰色，圆角边框，代码如下：

```
Row(
    children: <Widget>[
      Flexible(
        child: Container(
          height: 45,
          child: TextField(
            autofocus: true,
            maxLines: 1,
            decoration: InputDecoration(
              filled: true,
              fillColor: Color(0xFFEEEEEE),
              border: OutlineInputBorder(
```

```
              borderSide: BorderSide(color: Color(0xFFEEEEEE))),
            focusedBorder: OutlineInputBorder(
              borderSide: BorderSide(color: Color(0xFFEEEEEE))),
            enabledBorder: OutlineInputBorder(
              borderSide: BorderSide(color: Color(0xFFEEEEEE))),
            prefixIcon: Icon(
              Icons.search,
              color: Colors.black,
            ),
            hintText: '故宫春节开放时间',
            hintStyle: TextStyle(color: Colors.grey),
          ),
        ),
      ),
      SizedBox(
        width: 20,
      ),
      GestureDetector(
        onTap: () {
          Navigator.of(context).pop();
        },
        child: Text('取消'),
      )
    ],
)
```

搜索输入框效果如图 11-7 所示。

图 11-7　搜索输入框及取消按钮

今日热点为流式布局，每一个热点背景为圆角灰色，代码如下：

```
Column(
    crossAxisAlignment: CrossAxisAlignment.start,
    children: <Widget>[
      Text(
        '今日热点',
        style: TextStyle(fontSize: 18, fontWeight: FontWeight.bold),
      ),
```

```
        SizedBox(
          height: 10,
        ),
        Wrap(
          spacing: 15,
          runSpacing: 10,
          children: [
            '故宫春节开放时间',
            '国家科学技术奖',
            '香港41名公务员被捕',
            '机票作废躲过坠机',
            'NBA全明星二轮票王',
            '黑龙江富豪被分尸',
          ].map((f) {
            return _buildHotText(f);
          }).toList(),
        ),
      ],
    )
```

buildHotText 表示每一个 Item 的控件，代码如下：

```
Widget _buildHotText(String text) {
    return Container(
      padding: EdgeInsets.symmetric(vertical: 3, horizontal: 15),
      decoration: ShapeDecoration(
        color: Color(0xFFEEEEEE),
        shape: RoundedRectangleBorder(
          borderRadius: BorderRadius.all(Radius.circular(100))),
      ),
      child: Text(text),
    );
  }
```

今日热点效果如图 11-8 所示。

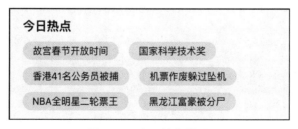

图 11-8　今日热点效果

话题榜显示为一个 5 行 2 列的列表，前 3 个新闻的编号高亮显示，如果文字过长则以…显示，代码如下：

```
_buildTopic() {
  return Column(
    crossAxisAlignment: CrossAxisAlignment.start,
    mainAxisAlignment: MainAxisAlignment.start,
    children: <Widget>[
      Text(
        '话题榜',
        style: TextStyle(fontSize: 18, fontWeight: FontWeight.bold),
      ),
      GridView.builder(
        shrinkWrap: true,
        gridDelegate: SliverGridDelegateWithFixedCrossAxisCount(
            crossAxisCount: 2, childAspectRatio: 7 / 1),
        itemBuilder: (context, index) {
          return _buildTopicItem(_topicList[index], index + 1);
        },
        itemCount: _topicList.length,
      ),
    ],
  );
}
```

Item 的代码如下：

```
Widget _buildTopicItem(String txt, int index) {
  var color = [1, 2, 3].contains(index) ? Colors.pink : Colors.grey;
  return Text.rich(
    TextSpan(
        text: '$index',
        style: TextStyle(color: color),
        children: <TextSpan>[
          TextSpan(text: ' $txt', style: TextStyle(color: Colors.
          black)),
        ]),
    maxLines: 1,
    overflow: TextOverflow.ellipsis,
  );
}
```

话题榜效果如图 11-9 所示。

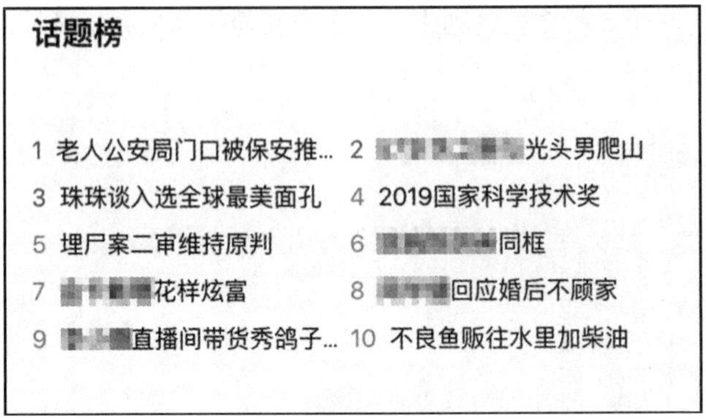

图 11-9　话题榜效果

　　将这搜索输入框、今日热点和话题榜 3 个部分结合起来就是搜索页面，结合代码
如下：

```
Scaffold(
    body: Padding(
      padding: EdgeInsets.symmetric(vertical: 50, horizontal: 20),
      child: Column(
        crossAxisAlignment: CrossAxisAlignment.start,
        children: <Widget>[
          // 搜索框
          _buildSearchInput(context),
          SizedBox(
            height: 20,
          ),
          _buildTodayHot(),
          SizedBox(
            height: 20,
          ),
          _buildTopic(),

        ],
      ),
    ),
)
```

搜索页面整体效果如图 11-10 所示。

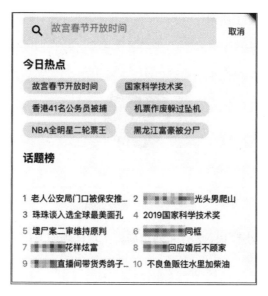

图 11-10 搜索页面整体效果

11.5 设置页面

设置页面从上到下分为登录、常用功能、更多功能三大部分，整体背景为浅灰色，三大功能背景为白色。登录部分为一个圆形红色按钮，中间显示"登录"，实现代码如下：

```
Widget _buildLogin(BuildContext context) {
    return Container(
        width: MediaQuery.of(context).size.width,
        padding: EdgeInsets.only(top: 80, bottom: 50),
        color: Colors.white,
        child: CircleAvatar(
          backgroundColor: Theme.of(context).primaryColor,
          radius: 50,
          child: Text(
            '登录',
            style: TextStyle(
                color: Colors.white, fontWeight: FontWeight.bold,
                fontSize: 20),
          ),
        ));
    }
```

登录效果如如图 11-11 所示。

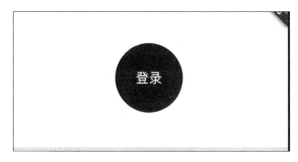

图 11-11 登录效果

常用功能共有 8 个小模块，2 行 4 列布局，实现代码如下：

```
Widget _buildCommonFunctions() {
    return Container(
      color: Colors.white,
      child: Column(
        crossAxisAlignment: CrossAxisAlignment.start,
        children: <Widget>[
          Padding(
            padding: EdgeInsets.only(left: 15, top: 10),
            child: Text(
              '常用功能',
              style: TextStyle(fontSize: 18),
            ),
          ),
          SizedBox(
            height: 30,
          ),
          Row(
            mainAxisAlignment: MainAxisAlignment.spaceAround,
            children: <Widget>[
              _buildFuncItem(Icons.hearing, '关注'),
              _buildFuncItem(Icons.notifications_none, '消息通知'),
              _buildFuncItem(Icons.star_border, '收藏'),
              _buildFuncItem(Icons.history, '阅读历史'),
            ],
          ),
          SizedBox(
            height: 30,
          ),
          Row(
```

```
        mainAxisAlignment: MainAxisAlignment.spaceAround,
        children: <Widget>[
          _buildFuncItem(Icons.card_giftcard, '钱包'),
          _buildFuncItem(Icons.edit, '用户反馈'),
          _buildFuncItem(Icons.invert_colors, '免流量服务'),
          _buildFuncItem(Icons.settings, '系统设置'),
        ],
      ),
      SizedBox(
        height: 20,
      ),
    ],
  ),
);
}


Widget _buildFuncItem(IconData iconData, String txt) {
  return Container(
    child: Column(
      children: <Widget>[
        Icon(
          iconData,
          size: 30,
        ),
        Text(txt)
      ],
    ),
  );
}
```

常用功能效果如图 11-12 所示。

图 11-12 常用功能效果

更多功能和常用功能布局类似，但更多功能仅有 7 项，这里使用 Table 控件实现此效果，代码如下：

```
Widget _buildMore() {
    return Container(
      color: Colors.white,
      child: Column(
        crossAxisAlignment: CrossAxisAlignment.start,
        children: <Widget>[
          Padding(
            padding: EdgeInsets.only(left: 15, top: 10),
            child: Text(
              '更多功能',
              style: TextStyle(fontSize: 18),
            ),
          ),
          SizedBox(
            height: 30,
          ),
          Table(
            children: <TableRow>[
              TableRow(children: <Widget>[
                _buildFuncItem(Icons.memory, '超级会员'),
                _buildFuncItem(Icons.public, '圆梦公益'),
                _buildFuncItem(Icons.merge_type, '夜间模式'),
                _buildFuncItem(Icons.comment, '评论'),
              ]),
              TableRow(children: <Widget>[
                Container(
                  height: 30,
                ),
                Container(),
                Container(),
                Container(),
              ]),
              TableRow(children: <Widget>[
                _buildFuncItem(Icons.favorite_border, '点赞'),
                _buildFuncItem(Icons.scanner, '扫一扫'),
                _buildFuncItem(Icons.fingerprint, '广告推广'),
                Container(),
              ]),
            ],
          ),
          SizedBox(
```

```
        height: 20,
      ),
    ],
  ),
);
}
```

更多功能效果如图 11-13 所示。

图 11-13　更多功能效果

将这 3 个模块从上到下结合起来就是设置页面的整体效果，整体布局代码如下：

```
@override
  Widget build(BuildContext context) {
    return Container(
      width: MediaQuery.of(context).size.width,
      color: Color(0xFFEEEEEE),
      child: Column(
        children: <Widget>[
          _buildLogin(context),
          SizedBox(
            height: 5,
          ),
          _buildCommonFunctions(),
          SizedBox(
            height: 5,
          ),
          _buildMore(),
        ],
      ),
    );
```

设置页面整体效果如图 11-14 所示。

图 11-14　设置页面整体效果

11.6　新闻分类

在首页的顶部使用 Tab 页进行新闻分类，共有电视、电影、明星、音乐、体育、财经、军事几大分类，代码如下：

```
class Home extends StatefulWidget {
  Map<String, String> _tab = {
    '电视': 'BA10TA81wangning',
    '电影': 'BD2A9LEIwangning',
    '明星': 'BD2AB5L9wangning',
    '音乐': 'BD2AC4LMwangning',
    '体育': 'BA8E6OEOwangning',
    '财经': 'BA8EE5GMwangning',
    '军事': 'BAI67OGGwangning'
  };

  @override
  State<StatefulWidget> createState() => _HomeState();
}
```

```
class _HomeState extends State<Home> {
  TabController _tabController;

  @override
  void initState() {
    super.initState();
    _tabController = TabController(
        length: widget._tab.keys.length, vsync: ScrollableState());
  }

  @override
  Widget build(BuildContext context) {
    return Column(
      children: <Widget>[
        TabBar(
          controller: _tabController,
          tabs: widget._tab.keys.map((key) {
            return Text(key);
          }).toList(),
          unselectedLabelColor: Colors.black,
          labelColor: Theme.of(context).primaryColor,
          isScrollable: true,
          indicatorColor: Colors.transparent,
          labelPadding: EdgeInsets.symmetric(vertical: 5, horizontal: 16),
        ),
        Divider(
          height: 1,
        ),
        Flexible(
          child: TabBarView(
            controller: _tabController,
            children: widget._tab.values.map((v) {
              return NewsList(v);
            }).toList(),
          ),
        ),
      ],
    );
  }
}
```

其中，_tab 数据是 Tab 的分类；value 的内容用于获取新闻列表；NewsList 是新闻列表控件，11.7 节将会介绍，新闻分类效果如图 11-15 所示。

| 电视 | 电影 | 明星 | 音乐 | 体育 | 财经 | 军事 |

图 11-15 新闻分类效果

11.7 新闻列表及详情

新闻列表的数据来源于网络，使用 dio 获取网络数据，获取 dio 单例代码如下：

```
class Http {
  factory Http() => _getInstance();

  static Http get instance => _getInstance();

  static Http _instance;
  Dio dio;

  var _host = 'https://3g.163.com/touch/reconstruct/article/list/';

  static Http _getInstance() {
    if (_instance == null) {
      _instance = Http._();
    }
    return _instance;
  }

  ///
  /// 初始化
  ///
  Http._() {
    var options = BaseOptions(
        baseUrl: '$_host', connectTimeout: 5000, receiveTimeout: 3000);
    dio = Dio(options);
  }
}
```

单例中对全局网络请求进行了配置，比如 url、连接超时等。

定义新闻 Model，使用 json_serializable 生成新闻 Model，Model 代码如下：

```
import 'package:json_annotation/json_annotation.dart';

part 'news_entry.g.dart';
```

```
@JsonSerializable()
class NewsEntry extends Object {

  @JsonKey(name: 'news')
  List<News> news;

  NewsEntry(this.news,);

  factory NewsEntry.fromJson(Map<String, dynamic> srcJson) =>
  _$NewsEntryFromJson(srcJson);

  Map<String, dynamic> toJson() => _$NewsEntryToJson(this);

}


@JsonSerializable()
class News extends Object {

  @JsonKey(name: 'docid')
  String docid;

  @JsonKey(name: 'source')
  String source;

  @JsonKey(name: 'title')
  String title;

  @JsonKey(name: 'priority')
  int priority;

  @JsonKey(name: 'hasImg')
  int hasImg;

  @JsonKey(name: 'url')
  String url;

  @JsonKey(name: 'commentCount')
  int commentCount;

  @JsonKey(name: 'imgsrc3gtype')
  String imgsrc3gtype;
```

```
    @JsonKey(name: 'stitle')
    String stitle;

    @JsonKey(name: 'digest')
    String digest;

    @JsonKey(name: 'imgsrc')
    String imgsrc;

    @JsonKey(name: 'ptime')
    String ptime;

    News(this.docid,this.source,this.title,this.priority,this.hasImg,this.
    url,this.commentCount,this.imgsrc3gtype,this.stitle,this.digest,this.
    imgsrc,this.ptime,);

    factory News.fromJson(Map<String, dynamic> srcJson) =>
    _$NewsFromJson(srcJson);

    Map<String, dynamic> toJson() => _$NewsToJson(this);

}
```

由 json_serializable 生成的 news_entry.g.dart 文件代码如下：

```
// GENERATED CODE - DO NOT MODIFY BY HAND

part of 'news_entry.dart';

// **********************************************************************
// JsonSerializableGenerator
// **********************************************************************

NewsEntry _$NewsEntryFromJson(Map<String, dynamic> json) {
  return NewsEntry(
    (json['news'] as List)
        ?.map(
            (e) => e == null ? null : News.fromJson(e as Map<String,
            dynamic>))
        ?.toList(),
  );
}

Map<String, dynamic> _$NewsEntryToJson(NewsEntry instance) => <String,
dynamic>{
```

```
        'news': instance.news,
    };

News _$NewsFromJson(Map<String, dynamic> json) {
  return News(
    json['docid'] as String,
    json['source'] as String,
    json['title'] as String,
    json['priority'] as int,
    json['hasImg'] as int,
    json['url'] as String,
    json['commentCount'] as int,
    json['imgsrc3gtype'] as String,
    json['stitle'] as String,
    json['digest'] as String,
    json['imgsrc'] as String,
    json['ptime'] as String,
  );
}

Map<String, dynamic> _$NewsToJson(News instance) => <String, dynamic>{
      'docid': instance.docid,
      'source': instance.source,
      'title': instance.title,
      'priority': instance.priority,
      'hasImg': instance.hasImg,
      'url': instance.url,
      'commentCount': instance.commentCount,
      'imgsrc3gtype': instance.imgsrc3gtype,
      'stitle': instance.stitle,
      'digest': instance.digest,
      'imgsrc': instance.imgsrc,
      'ptime': instance.ptime,
    };
```

新闻列表通过下拉刷新获取最新的数据，下拉刷新使用 RefreshIndicator 控件，构建代码如下：

```
/// 页码
  int _page = 1;
  static const _pageSize = 20;
  List<News> _newList = List();


@override
```

```
Widget build(BuildContext context) {
  return RefreshIndicator(
    onRefresh: _onRefresh,
    child: ListView.separated(
        itemBuilder: (context, index) {
          return _buildClickItem(_newList[index]);
        },
        separatorBuilder: (context, index) {
          return Divider(
            height: 1,
            color: Color(0xFFCCCCCC),
          );
        },
        itemCount: _newList.length),
  );
}
```

每一个 Item 都可点击，下面为 Item 的构建代码：

```
///
/// 点击 item
///
_buildClickItem(News news){
  return GestureDetector(
    onTap: ()=>toDetail(news.url),
    child: _buildItem(news),
  );
}
///
/// 构建 item
///
_buildItem(News news) {
  return Container(
    padding: EdgeInsets.symmetric(vertical: 10, horizontal: 10),
    child: Column(
      mainAxisAlignment: MainAxisAlignment.start,
      crossAxisAlignment: CrossAxisAlignment.start,
      children: <Widget>[
        Row(
          crossAxisAlignment: CrossAxisAlignment.start,
          children: <Widget>[
            Flexible(
              child: Text(
                '${news.title}',
                style: TextStyle(fontSize: 18),
```

```
            maxLines: 3,
            overflow: TextOverflow.ellipsis,
          ),
        ),
        SizedBox(width: 5,),
        Image.network(
          '${news.imgsrc}',
          height: 70,
          width: 112,
          fit: BoxFit.cover,
        )
      ],
    ),
    SizedBox(
      height: 3,
    ),
    Text(
      '${news.commentCount}评论  ${computeTime(news.ptime)}',
      style: TextStyle(fontSize: 12,color: Colors.grey),),
  ],
  ),
  );
}
```

Item 中有一个时间属性，此属性并不显示具体时间，而是显示距离当前时间的差值，求差值代码如下：

```
String computeTime(String time) {
    var dateTime = DateTime.parse(time);
    var now = DateTime.now();
    var duration = now.difference(dateTime);
    if (duration.inDays > 0) {
      return '${duration.inDays}天前';
    }
    if (duration.inHours > 0) {
      return '${duration.inHours}小时前';
    }
    if (duration.inMinutes > 0) {
      return '${duration.inMinutes}分钟前';
    }
    return '1分钟前';
}
```

点击新闻列表将跳转到对应的新闻详情，新闻详情为 HTML5 页面，使用 WebView

插件加载新闻详情，WebView 依赖如下：

```
dependencies:
  flutter_webview_plugin: ^0.3.10
```

跳转代码如下：

```
toDetail(String url){
  print('$url');
  Navigator.of(context).push(MaterialPageRoute(builder: (context){
    return WebviewScaffold(
      url: url,
      withJavascript: true,
      appBar: AppBar(),
    );
  }));
}
```

通过网络接口获取新闻数据，获取数据代码如下：

```
Future _onRefresh() async {
    try {
      var url = '${widget.newsKey}/${(_page - 1) * _pageSize}-$_pageSize.
      html';
      var response = await Http.instance.dio.get(url);
      if (response.statusCode == 200) {
        String data = response.data;
        if (data != null && data.isNotEmpty) {
          //data 数据包含在 artiList() 中，序列号 json 需要去掉 artiList()
          data = data.substring(9, data.length - 1);
          data = data.replaceFirst('${widget.newsKey}', 'news');
          var jsonMap = json.decode(data);
          var news = NewsEntry.fromJson(jsonMap);
          _page = 1;
          _newList.clear();
          _newList.addAll(news.news);
          setState(() {});
        }
      } else {
        Scaffold.of(context).showSnackBar(SnackBar(
            content: Text(
                'status code:${response.statusCode},${response.
                statusMessage}')));
      }
```

```
    } catch (e) {
      Scaffold.of(context).showSnackBar(SnackBar(content: Text('$e')));
    }
  }
```

其中，newsKey 为每个 tab 后面的 value。新闻列表效果如图 11-16 所示。

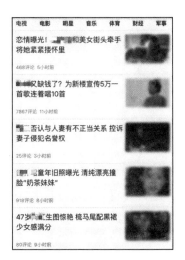

图 11-16　新闻列表效果

11.8　本章小结

本章从头到尾展示了 Flutter 应用的开发过程，也使用了目前比较热的第三方插件，这些插件极大地简化了开发过程，提高了开发效率。

第 12 章

项目实战：App 升级功能

App 升级功能可以说是每一个应用程序必不可少的，当你的应用程序有新的版本发布时，希望用户能接收到通知并进行更新。本章将介绍 App 升级功能的开发。

这个项目将完成如下任务：

- App 升级功能预览及功能分析
- App 升级功能提示框
- 下载应用程序
- 安装应用程序
- Android 平台跳转到应用市场进行更新
- iOS 平台跳转到 App Store 进行更新

12.1　App 升级功能预览及功能分析

当应用程序启动进入首页时，通常情况下会进行 App 升级的检测，如果发现有新的版本则用弹窗提示，弹窗上显示新版本的信息及操作按钮，效果如图 12-1 所示。

点击"取消"按钮，升级提示框消失，点击"立即体验"按钮进入应用市场。一般情况下会区分 Android 平台和 iOS 平台，Android 平台可以下载 apk，然后安装，也可以跳转到相应的应用市场进行更新，如应用宝、小米应用商店、华为应用商店等。iOS 平台只能通过跳转到 App Store 进行升级。

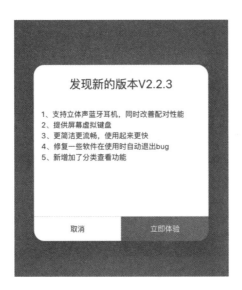

图 12-1 App 升级提示框

Android 平台通过 App 内下载应用程序时，在下载应用程序时为了有更好的用户体验，一般需要一个下载进度提示，下载进度为水波纹效果，如图 12-2 所示。

图 12-2 应用程序下载进度界面

应用程序下载完毕后跳转到程序安装界面，效果如图 12-3 所示。

通过上面的分析，总结 App 升级流程如图 12-4。

图 12-3 应用程序安装界面

App 升级流程说明如下：

1）检测是否有新的版本，通常情况下访问后台接口获取数据，iOS 平台也可以到 App Store 检测。

2）当检测有新的版本时，用弹窗提示"新版本升级信息"，同时给用户 2 个选择：升级或者不升级，用户选择不升级的时候则取消提示框。

3）当用户选择升级时，判断当前平台，如果是 iOS 直接跳转到 App Store，Android 平台有 2 个选择，下载 apk 应用程序控制升级和跳转或者跳转到应用商店。

4）下载 apk 应用程序控制升级时，需要在下载 apk 的同时提示用户下载进度，下载完成后进行安装。

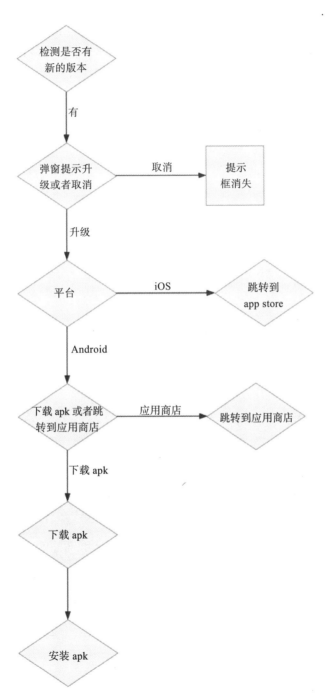

图 12-4　App 升级流程

12.2 App 升级功能提示框

当检测到新版本时弹出提示框，提示框上需要展示标题、升级内容、升级或者取消的按钮，所以首先定义升级信息的 Model 类，代码如下：

```
///
/// 升级信息
///
class AppUpgradeInfo {
  AppUpgradeInfo(
      {@required this.title,
      @required this.contents,
      this.apkDownloadUrl,
      this.force = false});

  final String title;
  final List<String> contents;
  final String apkDownloadUrl;
  final bool force;
}
```

定义升级控件，代码如下：

```
///
/// des:App 升级组件
///
class AppUpgrade extends StatefulWidget {
  AppUpgrade({@required this.future, this.builder});

  final Future<dynamic> future;
  final AppUpgradeBuilder<AppUpgradeInfo> builder;

  @override
  State<StatefulWidget> createState() => _AppUpgrade();
}
```

future 参数为 Future 类型，检测服务接口是否有新的版本。

升级组件的 State 类，定义如下：

```
class _AppUpgrade extends State<AppUpgrade> {
  @override
  Widget build(BuildContext context) {
```

```
    return FutureBuilder<dynamic>(
      future: widget.future,
      builder: (BuildContext context, AsyncSnapshot<dynamic> snapshot) {
        if (snapshot.connectionState == ConnectionState.done &&
            snapshot.hasData &&
            snapshot.data is AppUpgradeInfo) {
          var info = snapshot.data;
          Future.delayed(Duration(milliseconds: 0), () {
            _showUpgradeDialog(context, info.title, info.contents,
                info.apkDownloadUrl, info.force);
          });
        }
        return Container();
      },
    );
}


///
/// 展示 app 升级提示框
///
_showUpgradeDialog(BuildContext context, String title, List<String>
contents,
    String apkDownloadUrl, bool force) {
  showDialog(
      context: context,
      barrierDismissible: false,
      builder: (context) {
        return Dialog(
            shape: RoundedRectangleBorder(
                borderRadius: BorderRadius.all(Radius.circular(20))),
            child: SimpleAppUpgradeWidget(
              title: title,
              contents: contents,
              downloadUrl: apkDownloadUrl,
              force: force,
            ));
      });
  }
}
typedef AppUpgradeBuilder<AppUpgradeInfo> = Widget Function(
    BuildContext context, AppUpgradeInfo appUpgradeInfo);
```

提示框 UI 界面代码如下：

```
///
```

```
/// des:app 升级控件
///
class SimpleAppUpgradeWidget extends StatefulWidget {
  const SimpleAppUpgradeWidget(
      {@required this.title,
      @required this.contents,
      this.downloadUrl,
      this.force = false});

  ///
  /// 升级标题
  ///
  final String title;

  ///
  /// 升级提示内容
  ///
  final List<String> contents;

  ///
  /// app 安装包下载 url
  ///
  final String downloadUrl;

  ///
  /// 是否强制升级
  ///
  final bool force;

  @override
  State<StatefulWidget> createState() => _SimpleAppUpgradeWidget();
}
```

升级控件的 State 类定义如下：

```
class _SimpleAppUpgradeWidget extends State<SimpleAppUpgradeWidget> {
  ///
  /// 下载进度
  ///
  double _downloadProgress = 0.0;

  @override
  Widget build(BuildContext context) {
    return Container(
```

```
      child: Stack(
        children: <Widget>[
          _buildInfoWidget(context),
          _downloadProgress > 0
              ? Positioned.fill(child: _buildDownloadProgress())
              : Container(
                  height: 10,
                )
        ],
      ),
    );
}
```

构建升级标题控件，代码如下：

```
///
/// 构建标题
///
_buildTitle(){
  return Text(widget.title, style: TextStyle(fontSize: 22));
}
```

构建升级版本信息控件，代码如下：

```
///
/// 构建版本更新信息
///
_buildAppInfo(){
  return Container(
      padding: EdgeInsets.only(left: 15, right: 15, bottom: 30),
      height: 200,
      child: ListView(
        children: widget.contents.map((f) {
          return Text(f);
        }).toList(),
      ));
}
```

构建升级行为控件，代码如下：

```
///
/// 构建取消或者升级按钮
///
_buildAction(){
```

```
return Column(
  children: <Widget>[
    Divider(
      height: 1,
      color: Colors.grey,
    ),
    Row(
      children: <Widget>[
        Expanded(
          child: InkWell(
            borderRadius:
            BorderRadius.only(bottomLeft: Radius.circular(20)),
            child: Container(
              height: 45,
              alignment: Alignment.center,
              child: Text('取消'),
            ),
            onTap: () => Navigator.of(context).pop(),
          ),
        ),
        Expanded(
          child: Ink(
            decoration: BoxDecoration(
                gradient: LinearGradient(
                    begin: Alignment.topLeft,
                    end: Alignment.bottomRight,
                    colors: [Color(0xFFDE2F21), Color(0xFFEC592F)]),
                borderRadius: BorderRadius.only(
                    bottomRight: Radius.circular(20))),
            child: InkWell(
              borderRadius:
              BorderRadius.only(bottomRight: Radius.circular(20)),
              child: Container(
                height: 45,
                alignment: Alignment.center,
                child: Text(
                  '立即体验',
                  style: TextStyle(color: Colors.white),
                ),
              ),
              onTap: () {
                _clickOk();
              },
            ),
          ),
```

```
      ),
    ],
  ),
  ],
  );
}
```

将升级信息封装为一个组件，代码如下：

```
///
/// 信息展示 widget
///
Widget _buildInfoWidget(BuildContext context) {
  return Container(
    child: Column(
      mainAxisSize: MainAxisSize.min,
      children: <Widget>[
        SizedBox(
          height: 20,
        ),
        // 标题
        _buildTitle(),
        SizedBox(
          height: 30,
        ),
        // 更新信息
        _buildAppInfo(),
        // 操作按钮
        _buildAction()
      ],
    ),
  );
}
```

12.3 下载应用程序

当用户点击升级的时候，判断是 Android 平台还是 iOS 平台，代码如下：

```
///
/// 点击确定按钮
///
_clickOk() {
  if (Platform.isIOS) {
    //iOS 需要跳转到 App Store 更新，原生实现
```

```
            FlutterAppUpgrade.toAppStore(" 你的 iOS 应用程序 id");
            return;
        }
        if (widget.downloadUrl == null || widget.downloadUrl.isEmpty) {
            // 没有下载地址，跳转到第三方渠道更新，原生实现
            return;
        }
        _downloadApk();
```

下载代码如下：

```
///
/// 下载 apk 包
///
_downloadApk() async {
    var documentPath = FileUtils.cacheDir;
    try {
        var dio = Dio();
        await dio.download(widget.downloadUrl, '$documentPath/temp.apk',
            onReceiveProgress: (int count, int total) {
            if (total == -1) {
                _downloadProgress = 0.01;
            } else {
                _downloadProgress = count / total.toDouble();
            }
            setState(() {});
            if (_downloadProgress == 1) {
                // 下载完成，跳转到程序安装界面
                FlutterAppUpgrade.installAppForAndroid('$documentPath/temp.
                apk');
            }
        });
    } catch (e) {
        print('$e');
    }
}
```

下载过程中需要一个进度条，告知用户下载进度，下面实现一个"水波纹"效果的
进度条，"水波纹"进度条控件代码如下：

```
///
/// des: 水波进度条
///
class WavesProgressBar extends StatefulWidget {
```

```
  const WavesProgressBar(this.progress);

  ///
  /// 进度 0-1
  ///
  final double progress;

  @override
  State<StatefulWidget> createState() => _WavesProgressBar();
}
```

"水波纹"进度条控件 State 类代码如下：

```
class _WavesProgressBar extends State<WavesProgressBar>
    with SingleTickerProviderStateMixin {
  ///
  /// animation controller
  ///
  AnimationController _controller;

  ///
  /// 控制刷新的频率
  ///
  DateTime _lastTime;

  @override
  void initState() {
    super.initState();
    _controller =
        AnimationController(duration: const Duration(seconds: 1), vsync:
        this);
    Animation<double> _animation = Tween(
      begin: 0.0,
      end: 1.0,
    ).animate(_controller)
      ..addListener(() {
        if (_lastTime == null || DateTime.now().difference(_lastTime).
        inMilliseconds > 100) {
          _lastTime = DateTime.now();
          setState(() {});
        }
      });
    //    _controller.repeat();
  }
```

```
    @override
    Widget build(BuildContext context) {
      return ClipRect(
        child: Container(
          child: CustomPaint(
            painter: WavesPainter(widget.progress),
          ),
        ),
      );
    }

    @override
    void dispose() {
      super.dispose();
      _controller.dispose();
    }
}
```

通过动画的方式更新水波纹的偏移量达到"水波纹"动态效果。

水波纹绘制的结构及参数代码如下：

```
WavesPainter(this.progress,
      {this.waveCount = 4,
      this.waveHeight = 30,
      this.waveColors = const <Color>[Color(0x6600BFFF),
      Color(0x661E90FF)],
      this.mainOffset = 5,
      this.waveDirection = WaveDirection.top}) {
    _paint
      ..isAntiAlias = true
      ..style = PaintingStyle.fill
      ..strokeWidth = 3;
}

///
/// 水波的数量
///
final double progress;

///
/// 水波的数量
///
final int waveCount;
```

```
///
/// 水波的高度
///
double waveHeight;

///
/// 水波颜色
///
final List<Color> waveColors;

///
/// 2 个水纹之间主轴的偏移
///
final double mainOffset;

///
/// 水纹方向
///
final WaveDirection waveDirection;

///
/// 画笔
///
var _paint = Paint();

///
/// 二次贝塞尔曲线控制点集合
///
List<Offset> _controlPts = [];

///
/// 二次贝塞尔曲线结束点集合
///
List<Offset> _endPts = [];

///
/// 水纹 path
///
Path _wavePath = Path();
```

重写绘制函数代码如下：

```
@override
  void paint(Canvas canvas, Size size) {
```

```
      if (size.height * (1 - progress) + waveHeight > size.height) {
        waveHeight = size.height * progress;
      }

      for (int i = 0; i < waveColors.length; i++) {
        _drawWave(canvas, size, waveColors[i], i % 2 == 0);
      }
    }
```

绘制单次水波纹代码如下：

```
///
/// 绘制水波纹
///
_drawWave(Canvas canvas, Size size, Color color, bool flip) {
  var gap = 1 / (waveCount * 2.0);
  double scale = 1.25 + Random().nextDouble() * .5;
  double crossOffset = -.2 + Random().nextDouble() * .4;

  _controlPts.clear();
  for (var i = 0; i <= waveCount; i++) {
    var height = (.5 + Random().nextDouble() * .5) *
        (i % 2 == 0 ? 1 : -1) *
        (flip ? -1 : 1);

    _controlPts.add(Offset(gap + gap * i * 2, height));
  }

  _endPts.clear();
  _endPts.insert(0, Offset(0, 0));
  for (var i = 1; i < waveCount; i++) {
    _endPts.add(Offset(gap * i * 2, 0));
  }
  _endPts.add(Offset(1, 0));

  _wavePath.reset();
  _wavePath
    ..moveTo(size.width * 1.25, size.height * (1 - progress))
    ..lineTo(size.width * 1.25, size.height)
    ..lineTo(-size.width * .25, size.height)
    ..lineTo(-size.width * .25, size.height * (1 - progress));

  for (var i = 0; i < waveCount; i++) {
    var ctrlPt = Offset(_controlPts[i].dx * size.width,
        waveHeight * _controlPts[i].dy + size.height * (1 - progress));
```

```
        var endPt = Offset(_endPts[i + 1].dx * size.width,
            waveHeight * _endPts[i + 1].dy + size.height * (1 - progress));
        _wavePath.quadraticBezierTo(ctrlPt.dx, ctrlPt.dy, endPt.dx, endPt.dy);
    }

    canvas.scale(scale, 1);
    canvas.translate(crossOffset * size.width, mainOffset);
    _paint.color = color;
    canvas.drawPath(_wavePath, _paint);
    canvas.translate(-crossOffset * size.width, -mainOffset);
    canvas.scale(1 / scale, 1);
}

@override
bool shouldRepaint(CustomPainter oldDelegate) {
    return true;
}
```

定义水波纹方向代码如下：

```
///
/// 水波方向
///
enum WaveDirection { left, top, right, bottom }
```

12.4　安装应用程序

当应用程序下载完成后，跳转到安装界面，需要在 android/app/src/main/Android-Manifest.xml 文件下添加安装应用程序权限：

```
<uses-permission android:name="android.permission.REQUEST_INSTALL_
PACKAGES" />
```

建立 Flutter 端与 Android 通道用于通信，Flutter 端代码如下：

```
class AppUpgrade {
  static const MethodChannel _channel =
  const MethodChannel('app_upgrade');

  ///
  /// Android 安装 app
  ///
  static installAppForAndroid(String path) async {
```

```
      var map = {
        'path': path
      };
      return await _channel.invokeMethod('install',map);
   }
}
```

Android 端通信的代码如下：

```
/**
 * app 升级
 */
public class AppUpgradePlugin implements MethodCallHandler {
  @Override
    public void onMethodCall(MethodCall call, Result result) {

if (call.method.equals("install")) {
            // 安装 app
            String path = call.argument("path");
            startInstall(registrar.context(), path);
        } else {
            result.notImplemented();
        }
}

   /**
    * 安装 app，android 7.0 及以上和以下方式不同
    */
   public void startInstall(Context context, String path) {
        File file = new File(path);
        if (!file.exists()){
            return;
        }

        Intent intent = new Intent(Intent.ACTION_VIEW);
        if (Build.VERSION.SDK_INT >= Build.VERSION_CODES.N) {
            //7.0 及以上
            Uri contentUri = FileProvider.getUriForFile(context, "com.
            example.frostfirepreviewer.fileprovider", file);
            intent.setFlags(Intent.FLAG_ACTIVITY_NEW_TASK);
            intent.addFlags(Intent.FLAG_GRANT_READ_URI_PERMISSION);
            intent.setDataAndType(contentUri, "application/vnd.android.
            package-archive");
            context.startActivity(intent);
```

```
        } else {
            //7.0 以下
            intent.setDataAndType(Uri.fromFile(file), "application/vnd.
            android.package-archive");
            intent.addFlags(Intent.FLAG_ACTIVITY_NEW_TASK);
            context.startActivity(intent);
        }

    }
}
```

Android 7.0 及以上版本对文件的读取进行了限制，因此在 android/app/src/main/ AndroidManifest.xml 文件下添加 provider，代码如下：

```
<provider
        android:name="androidx.core.content.FileProvider"
        android:authorities="com.example.frostfirepreviewer.
        fileprovider"
        android:exported="false"
        android:grantUriPermissions="true">
        <meta-data
            tools:replace="android:resource"
            android:name="android.support.FILE_PROVIDER_PATHS"
            android:resource="@xml/file_paths" />
</provider>
```

AndroidManifest 内容结构如图 12-5 所示。

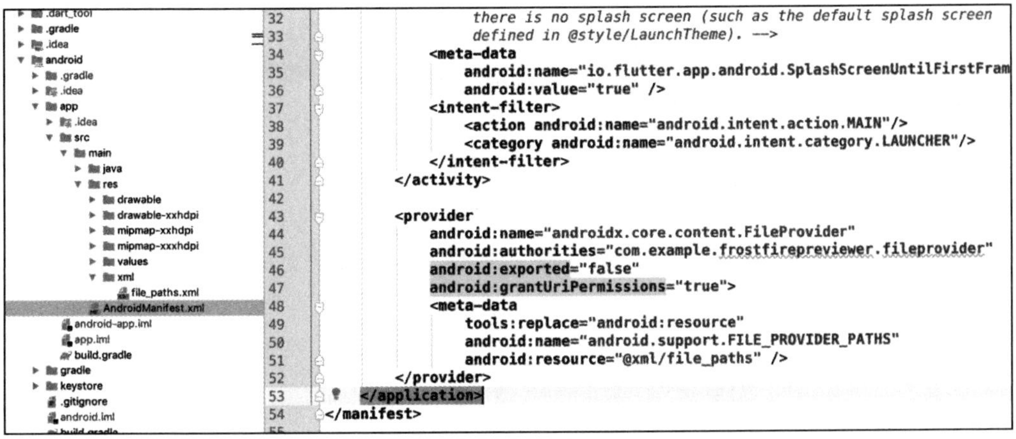

图 12-5　AndroidManifest 内容结构

Provider 内各个属性说明如下：

- name：provider 的类名，若使用默认的 androidx 的 FileProvider 可使用 androidx.core.content.FileProvider，也可使用 V4 包下的，还可以设置为自定义的继承 FileProvider 的 provider 类。
- authorities：一个签名认证，可以自定义，但在获取 URI 的时候需要保持一致，此值和代码 FileProvider.getUriForFile 中的签名保持一致。
- grantUriPermissions：使用 FileProvider 时需要我们给流出的 URI 赋予临时访问权限（READ 和 WRITE），该设置是允许我们行使该项权力。
- meta-data：配置的是我们可以访问的文件的路径配置信息，需要使用 XML 文件进行配置，FileProvider 会通过解析 XML 文件获取配置项。
- name：名字不可改变为：android.support.FILE_PROVIDER_PATHS。
- resource：为配置路径信息的配置项目。

在 android/app/src/main/res 目录下创建 XML 文件夹，在 xml 文件夹下创建 file_paths.xml 文件，file_paths.xml 文件内容如下：

```xml
<?xml version="1.0" encoding="utf-8"?>
<paths xmlns:android="http://schemas.android.com/apk/res/android">
    <external-path name="apk" path="cache"/>
</paths>
```

file_paths 内容结构如图 12-6 所示。

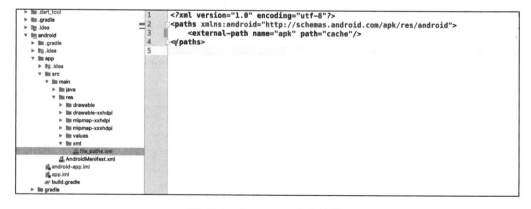

图 12-6　file_paths 内容结构

Paths 内的路径有很多种，代码如下：

```xml
<?xml version="1.0" encoding="utf-8"?>
<resources>
  <paths>
    <!-- Context.getFilesDir() + "/path/" -->
    <files-path
        name="my_files"
        path="mazaiting/"/>
    <!-- Context.getCacheDir() + "/path/" -->
    <cache-path
        name="my_cache"
        path="mazaiting/"/>
    <!-- Context.getExternalFilesDir(null) + "/path/" -->
    <external-files-path
        name="external-files-path"
        path="mazaiting/"/>
    <!-- Context.getExternalCacheDir() + "/path/" -->
    <external-cache-path
        name="name"
        path="mazaiting/" />
    <!-- Environment.getExternalStorageDirectory() + "/path/" -->
    <external-path
        name="my_external_path"
        path="mazaiting/"/>
    <!-- Environment.getExternalStorageDirectory() + "/path/" -->
    <external-path
        name="files_root"
        path="Android/data/<包名>/"/>
    <!-- path 设置为 '.' 时代表整个存储卡 Environment.
    getExternalStorageDirectory() + "/path/"   -->
    <external-path
        name="external_storage_root"
        path="."/>
  </paths>
</resources>
```

路径包含了 Android 中所有的路径规则。

安装应用程序时会弹出"是否允许安装应用程序"的权限申请，如图 12-7 所示。用户点击"允许"按钮后进入安装引导。

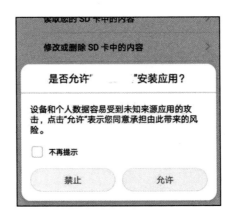

图 12-7　应用程序申请安装权限

12.5　Android 平台跳转到应用市场进行更新

如果我们的应用程序已经上架到应用市场，想将用户引导到应用市场进行更新，代码如下：

```
/**
 * @param context
 * @param packageName
 */
public static void go2Market(Context context, String packageName) {
    try {
        Uri uri = Uri.parse("market://details?id=" + packageName);
        Intent goMarket = new Intent(Intent.ACTION_VIEW, uri);
        goMarket.addFlags(Intent.FLAG_ACTIVITY_NEW_TASK);
        context.startActivity(goToMarket);
    } catch (ActivityNotFoundException e) {
        e.printStackTrace();
        Toast.makeText(context, "您的手机没有安装 Android 应用市场 ", Toast.
        LENGTH_SHORT).show();
    }
}
```

此时，用户的手机上可能安装了多个应用市场，那么系统会弹出选择框，让用户选择使用哪个进行升级，效果如图 12-8 所示。

图 12-8　选择应用市场进行升级

这时有一个比较麻烦的问题，用户可能也不知道选择哪一个市场，或者用户选择的市场并没有上线我们的应用程序，此时最好由应用程序指定应用市场，例如，指定华为应用市场，代码如下：

```
/**
 * 直接跳转到华为
 * @param context
 * @param packageName
 */
public void go2MarketHuaWei(Context context, String packageName) {
    try {
        Uri uri = Uri.parse("market://details?id=" + packageName);
        Intent goMarket = new Intent(Intent.ACTION_VIEW, uri);
        goMarket.setClassName("com.huawei.appmarket", "com.huawei.
        appmarket.service.externalapi.view.ThirdApiActivity");
        context.startActivity(goToMarket);
    } catch (ActivityNotFoundException e) {
        e.printStackTrace();
        Toast.makeText(context, "您的手机没有安装华为应用商店 ", Toast.
        LENGTH_SHORT).show();
    }
}
```

效果如图 12-9 所示。

图 12-9　华为应用市场更新

此时遇到了另一个问题，如果用户的手机上没有安装华为应用市场，如果只能提示用户没有安装"华为应用市场"，让用户的体验会非常不好，用户会感觉"难道我使用的你的 App 还需要安装华为应用市场？"所以最好的办法是获取到用户手机上安装的应用市场，代码如下：

```
/**
 * 获取已安装应用商店的包名列表
 *
 */
public ArrayList<String> getInstallAppMarkets(Context context) {
    List<String> pkgList = new ArrayList<>();
    // 想要查找的应用市场
    pkgList.add("com.xiaomi.market");                    // 小米应用商店
    pkgList.add("com.lenovo.leos.appstore");             // 联想应用商店
    pkgList.add("com.oppo.market");                      //OPPO 应用商店
    pkgList.add("com.tencent.android.qqdownloader");     // 腾讯应用宝
    pkgList.add("com.qihoo.appstore");                   //360 手机助手
    pkgList.add("com.baidu.appsearch");                  // 百度手机助手
    pkgList.add("com.huawei.appmarket");                 // 华为应用商店
    pkgList.add("com.wandoujia.phoenix2");               // 豌豆荚
    pkgList.add("com.hiapk.marketpho");                  // 安智应用商店
    ArrayList<String> pkgs = new ArrayList<String>();
    if (context == null)
        return pkgs;
```

```
        for (int i = 0; i < pkgList.size(); i++) {
            if (isPackageExist(context, pkgList.get(i))) {
                pkgs.add(pkgList.get(i));
            }
        }
        Log.d("mqd", pkgs.toArray().toString());
        return pkgs;
    }
/**
 * 是否存在当前应用市场
 *
 */
    public boolean isPackageExist(Context context, String packageName) {
        PackageManager manager = context.getPackageManager();
        Intent intent = new Intent().setPackage(packageName);
        List<ResolveInfo> infos = manager.queryIntentActivities(intent,
                PackageManager.GET_INTENT_FILTERS);
        if (infos == null || infos.size() < 1) {
            return false;
        } else {
            return true;
        }
    }
```

市面上应用市场众多，总结如下：

```
// 小米应用商店
    public static final String PACKAGE_MI_MARKET = "com.xiaomi.market";
    public static final String MI_MARKET_PAGE = "com.xiaomi.market.
ui.AppDetailActivity";
    // 魅族应用商店
    public static final String PACKAGE_MEIZU_MARKET = "com.meizu.mstore";
    public static final String MEIZU_MARKET_PAGE = "com.meizu.flyme.
appcenter.activitys.AppMainActivity";
    //VIVO 应用商店
    public static final String PACKAGE_VIVO_MARKET = "com.bbk.appstore";
    public static final String VIVO_MARKET_PAGE = "com.bbk.appstore.
ui.AppStoreTabActivity";
    //OPPO 应用商店
    public static final String PACKAGE_OPPO_MARKET = "com.oppo.market";
    public static final String OPPO_MARKET_PAGE = "a.a.a.aoz";
    // 华为应用商店
    public static final String PACKAGE_HUAWEI_MARKET = "com.huawei.
```

```
appmarket";
public static final String HUAWEI_MARKET_PAGE = "com.huawei.appmarket.
service.externalapi.view.ThirdApiActivity";
//ZTE 应用商店
public static final String PACKAGE_ZTE_MARKET = "zte.com.market";
public static final String ZTE_MARKET_PAGE = "zte.com.market.view.zte.
drain.ZtDrainTrafficActivity";
//360 手机助手
public static final String PACKAGE_360_MARKET = "com.qihoo.appstore";
public static final String PACKAGE_360_PAGE = "com.qihoo.appstore.
distribute.SearchDistributionActivity";
// 酷市场 -- 酷安网
public static final String PACKAGE_COOL_MARKET = "com.coolapk.market";
public static final String COOL_MARKET_PAGE = "com.coolapk.market.
activity.AppViewActivity";
// 应用宝
public static final String PACKAGE_TENCENT_MARKET = "com.tencent.
android.qqdownloader";
public static final String TENCENT_MARKET_PAGE = "com.tencent.pangu.
link.LinkProxyActivity";
//PP 助手
public static final String PACKAGE_ALI_MARKET = "com.pp.assistant";
public static final String ALI_MARKET_PAGE = "com.pp.assistant.activity.
MainActivity";
// 豌豆荚
public static final String PACKAGE_WANDOUJIA_MARKET = "com.wandoujia.
phoenix2";
// 低版本可能是 com.wandoujia.jupiter.activity.DetailActivity
public static final String WANDOUJIA_MARKET_PAGE = "com.pp.assistant.
activity.PPMainActivity";
//UCWEB
public static final String PACKAGE_UCWEB_MARKET = "com.UCMobile";
public static final String UCWEB_MARKET_PAGE = "com.pp.assistant.
activity.PPMainActivity";
```

我们只需要根据用户手机上安装的应用市场和我们上架的应用市场进行对比，如果
有符合的应用市场，可以直接跳转到应用市场，如果没有则下载 apk 进行安装。

12.6 iOS 平台跳转到 App Store 进行更新

iOS 的升级相对简单多了，因为 iOS 只能通过 App Store 进行升级，所以直接跳转
到 App Store 即可。

Flutter 与 iOS 端通信也需要创建一个通道，Flutter 端通道定义如下：

```
class AppUpgrade {
  static const MethodChannel _channel =
  const MethodChannel('app_upgrade');

  ///
  /// 跳转到 iOS App Store
  ///
  static toAppStore(String id) async {
    var map = {
      'path': id
    };
    return await _channel.invokeMethod('install',map);
  }}
```

toAppStore 方法中参数 id 是应用程序在 App Store 创建时生成的。

iOS 端通道定义如下：

```
@implementation FlutterAppUpgradePlugin {

}
+ (void)registerWithRegistrar:(NSObject<FlutterPluginRegistrar>*)registrar {
    FlutterMethodChannel* channel = [FlutterMethodChannel
      methodChannelWithName:@" app_upgrade "
            binaryMessenger:[registrar messenger]];
    FlutterAppUpgradePlugin* instance = [[FlutterAppUpgradePlugin alloc]
    init];
    [instance registerNotification];
    [registrar addMethodCallDelegate:instance channel:channel];
}

- (void)handleMethodCall:(FlutterMethodCall*)call result:(FlutterResult)
result {

if ([@"install" isEqualToString:call.method]) {

        NSDictionary *arg = call.arguments;
        NSString *id = arg[@"path"];
        NSString *url = @"https://itunes.apple.com/app/apple-store/
        id?mt=8";
        url = [url stringByReplacingOccurrencesOfString:@"id"
        withString:id];
```

```
        NSLog(@"%@",url);
        [[UIApplication sharedApplication] openURL:[NSURL
        URLWithString:url]];

    } else {
    result(FlutterMethodNotImplemented);
  }
}
```

12.7 本章小结

本章讲解了 App 升级功能的详细流程及实现方案，此功能不仅有 Flutter 端复杂的动画 UI，还有原生开发部分内容，是一个很好的实践项目，建议大家动手实现一下。

本书到这里就结束了，非常高兴你能看完本书，希望本书能够帮助到你，让你更快地进入 Flutter 领域，让我们一起走向更美好的明天。